Ensino de Ciências: unindo a pesquisa e a prática

Dados Internacionais de Catalogação na Publicação (CIP)
(Câmara Brasileira do Livro, SP, Brasil)

Ensino de ciências: unindo a pesquisa e a
prática / Anna Maria Pessoa de Carvalho, (org.).
São Paulo : Cengage Learning, 2022.

Vários autores.
11. reimpr. da 1. ed. de 2004.
Bibliografia.
ISBN 978-85-221-0353-9

1. Ciências - Estudo e ensino 2. Pesquisa 3.
Prática de ensino I. Carvalho, Anna Maria Pessoa de.

03-5629   CDD-507

Índice para catálogo sistemático:

1. Ciências: Estudo e ensino 507

Ensino de Ciências: unindo a pesquisa e a prática

Anna Maria Pessoa de Carvalho (org.)
Maria Cristina P. Stella de Azevedo
Viviane Briccia do Nascimento
Maria Cândida de Morais Cappechi
Andréa Infantosi Vannucchi
Ruth Schmitz de Castro
Maurício Pietrocola
Deise Miranda Vianna
Renato Santos Araújo

CENGAGE

Austrália • Brasil • México • Cingapura • Reino Unido • Estados Unidos

CENGAGE

Ensino de Ciências: Unindo a Pesquisa e a Prática

Anna Maria Pessoa de Carvalho (org.)

Gerente Editorial: Adilson Pereira

Editor de Desenvolvimento: Marcio Coelho

Produtora Editorial: Tatiana Pavanelli Valsi

Produtora Gráfica: Patricia La Rosa

Copidesque: Ana Paula Luccisano

Revisão: Sandra Garcia Cortes e Vera Lúcia Quintanilha

Composição: Macquete Produções Gráficas

Capa: DNG/INK Design Gráfico

© 2004 Cengage Learning Edições Ltda.

Todos os direitos reservados. Nenhuma parte deste livro poderá ser reproduzida, sejam quais forem os meios empregados, sem a permissão, por escrito, da Editora.
Aos infratores aplicam-se as sanções previstas nos artigos 102, 104, 106 e 107 da Lei nº 9.610, de 19 de fevereiro de 1998.

Esta editora empenhou-se em contatar os responsáveis pelos direitos autorais de todas as imagens e de outros materiais utilizados neste livro. Se porventura for constatada a omissão involuntária na identificação de algum deles, dispomo-nos a efetuar, futuramente, os possíveis acertos.

A editora não se responsabiliza pelo funcionamento dos links contidos neste livro que possam estar suspensos.

Para informações sobre nossos produtos, entre em contato pelo telefone 0800 11 19 39

Para permissão de uso de material desta obra, envie seu pedido para
direitosautorais@cengage.com

© 2004 Cengage Learning. Todos os direitos reservados.

ISBN-13: 978-85-221-0353-9
ISBN-10: 85-221-0353-4

Cengage Learning
Condomínio E-Business Park
Rua Werner Siemens, 111 – Prédio 11 – Torre A – Conjunto 12 – Lapa de Baixo
CEP 05069-900 – São Paulo – SP
Tel.: (11) 3665-9900 – Fax: (11) 3665-9901
SAC: 0800 11 19 39

Para suas soluções de curso e aprendizado, visite
www.cengage.com.br

Impresso no Brasil
Printed in Brazil
11. reimpr. – 2022

Sumário

Prefácio
Amelia Domingues de Castro .... **VII**

1 Critérios Estruturantes para o Ensino das Ciências
Anna Maria Pessoa de Carvalho **1**

2 Ensino por Investigação: Problematizando as Atividades em Sala de Aula
Maria Cristina P. Stella de Azevedo **19**

3 A Natureza do Conhecimento Científico e o Ensino de Ciências
Viviane Briccia do Nascimento **35**

4 Argumentação numa Aula de Física
Maria Cândida de Morais Cappechi **59**

5 A Relação Ciência, Tecnologia e Sociedade no Ensino de Ciências
Andréa Infantosi Vannucchi **77**

Anexo ao Capítulo 5 — A Atividade 93

6 Uma e Outras Histórias
Ruth Schmitz de Castro 101

7 Curiosidade e Imaginação — os Caminhos do Conhecimento nas Ciências, nas Artes e no Ensino
Maurício Pietrocola 119

8 Buscando Elementos na Internet para uma Nova Proposta Pedagógica
Deise Miranda Vianna e Renato Santos Araújo 135

Os Autores 153

Prefácio

Observadores da vida escolar preocupam-se com a distância, às vezes imensa, entre a pesquisa científica e a prática do ensino nas salas de aula. Focalizando o ensino de Ciências, pode-se dizer que todo o imenso esforço de investigação e experimentação que levou às revoluções científicas dos últimos séculos, poucas vezes tem penetrado na prática escolar. É possível, no entanto, encontrarmos currículos e programas bastante atualizados, porém submetidos a tratamento didático obsoleto, em desacordo com o processo de fazer e de pensar a Ciência, a busca da certeza e o lugar das incertezas que desafiam o futuro, enfim, avessos às condições de uma mente científica. Nesses casos, há uma dupla traição: às condições próprias ao desenvolvimento da Ciência e às exigências de um processo de ensino/aprendizagem que faça justiça à inteligência do aluno.

Entre a pesquisa científica e a prática escolar, entretanto, não deveria haver senão aliança, acordo, cumplicidade, coordenação, nunca um vazio e muito menos oposição. Ora, neste livro verifica-se que os pontos de encontro são numerosos e podem definir fecundas interações, pois em suas páginas abre-se uma visão significativa das relações entre a Ciência, a tecnologia e a sociedade nos dias de hoje. Por outro lado, permite que o leitor tome consciência da renovação cognitiva que vem sendo conseguida pela discussão em classe de problemas da história e da filosofia das Ciências. Em suas páginas, pode-se saber mais sobre o perfil do professor de Ciências, seja a partir de suas próprias concepções científicas – a epistemologia do professor – seja a partir de sua interpretação do processo de aprendizagem do aluno, que se inicia como uma verdadeira "alfabetização científica". Em diferentes textos emerge, claramente exemplificada, a possibilidade da abertura de um clima de atenção e distensão em situações didáticas, de tal modo que o aluno transponha o portal da pesquisa, como participante, como argumentador e como descobridor que "segue os caminhos do conhecimento" sem perder sua curiosidade e pondo em ação inteligência e imaginação. A polêmica introdução da Informática no ensino de Ciências é trabalhada a partir de experiência real, que se desenvolve atualmente, inovando em estratégias e conteúdos.

Embora os autores, ao trazer novas propostas para o ensino de Ciências, tenham abordado o tema a partir de diferentes perspectivas, o denominador comum é encontrado em certos critérios estruturantes (Carvalho, cap. 1), que funcionam como um conjunto de idéias fundamentais capazes de organizar pensamento e ação nesse setor de estudo e pesquisa. Uma visão construtivista ampla parece permear o conjunto de colaborações, sem que se perca a liberdade do recurso a vários outros fundamentos teóricos, com apreciável coerência.

Alguns esclarecimentos são necessários, pois nas afirmações anteriores há um duplo sentido que corre o risco de torná-las ambíguas. Trata-se do seguinte: até o momento, a referência à pesquisa indicou a busca do saber nos setores experimentais e teóricos das equipes de cientistas que desenvolvem o saber físico, químico, biológico e afins. No campo da Educação, entretanto, a área da psicopedagogia desenvolve um novo setor de experiências e investigações, cuja evolução vem surpreendendo seus próprios autores e aqueles que delas podem se beneficiar, *os professores*. Trata-se da pesquisa didática, desenvolvida predominantemente em sala de aula, e/ou com grupos de alunos. Em diferentes capítulos deste livro, há excelente exemplificação mostrando como a função docente reveste-se da tarefa de trazer à escola o resultado desse processo de elaboração científica de natureza psicopedagógica que permite ver na sala de aula um outro e diferente caminho na busca do conhecimento.

O mundo atual reverencia a Ciência, valoriza suas descobertas e depende delas para progredir, para a paz, a saúde e a tecnologia, entre muitas outras possibilidades. Justifica-se assim, facilmente, a introdução das Ciências na escola. Entendendo que a humanidade deve prosseguir construindo o saber científico, ensiná-la nas escolas é como entregar a tocha aos sucessores dos cientistas de hoje. Deve-se considerar, entretanto, que o ensino científico será estéril se fechado na "transmissão" de saberes estáticos, não acompanhados pelo espírito científico que exige modos de raciocínio e poder de reflexão, num constante desafio à inteligência. Assim como será nocivo e arriscado se não for acompanhado pelos compromissos éticos que governam ou deveriam governar suas aplicações.

Do lado do ensino, de sua prática, as incertezas atuais são agravadas por um passado que puxa para trás, em descompasso com as frentes científicas. Valores que se entrechocam levam a escolhas dissonantes. Acumula-se, no entanto, um acervo de realizações e reformas, já que há mais de meio século convivemos com o anseio de revigorar o ensino de Ciências: desde o Sputnik, mais precisamente. Mas será que modificaram em amplitude e em profundidade a realidade das escolas? Ou ficaram restritos a pequenos círculos de especialistas idealistas com experiências localizadas?

Em faculdades de Educação e nos cursos universitários de Ciências, os elos entre os dois campos têm sido traçados por docentes-pesquisadores num trabalho que alia ensino e pesquisa em benefício da formação de professores, pois são estes os impulsionadores da mudança de perspectivas. Por outro lado, da parte da Ciência, expande-se a idéia de que o processo didático também pode ser tratado de modo científico, em benefício da formação de futuros professores cientistas. Etapa importante nesse progresso foi o desenvolvimento dos cursos de pós-graduação, nos quais os temas de pesquisa se expandem e diferenciam, mantendo significações comuns.

Os pontos de encontro que tornam possível essa colaboração feita de iniciativas extremamente fecundas são devidos, em grande parte, à renovação da problemática da área e ao enriquecimento tanto da pesquisa quanto da prática, quando juntam forças numa aliança promissora. Explica-se, pois, que os capítulos desta obra não sejam meros relatos de experiências, mas sínteses refletidas e comentadas de muitas investigações, no campo específico do ensino de Ciências interagindo com as próprias Ciências, sua história e sua filosofia. Vão se complementando e alternando uns e outros, numa seqüência que alia e contrasta.

Talvez um ponto comum, um fator de unidade e interação, seja o conceito de conhecimento e de inteligência que está subjacente a uns e outros desses trabalhos que focalizam o desenvolvimento do conhecimento em alunos reais, não apenas nos sujeitos de experiências. Interessante notar que, para conhecermos mais a fundo a natureza dos processos de ensino, são importantes dois tipos de teorias: aquelas que são construídas pelos pesquisadores adultos e as outras, que as crianças elaboram por sua própria conta.

Conhecer é um ato de inteligência, mas há diferenças e semelhanças entre o que chamamos conhecimento, saber e aprendizagem. Usualmente, reservamos ao termo *aprendizagem* o sentido de aquisições de certo modo artificiais, que exigem certo esforço e deliberação. E a diferenciamos da aquisição natural de conhecimentos, processo que desde o nascimento acompanha o desenvolvimento dos instrumentos para conhecer, pertencentes à natureza humana.

Outro termo preocupa a escola: o *saber*. Perguntamos constantemente: o que o aluno sabe ou não sabe e o que deve saber? Como se o saber fosse uma mercadoria a carregar, pesada e que ocupa lugar. Para os autores deste livro, no entanto, seria o saber uma derivação do prazer de conhecer, pois o importante é que o aluno se reconheça como um ser capaz de conhecer, um ser cognoscente. Dominar um conhecimento é ser o seu senhor, porém o domínio do saber é o final de um processo que define a qualidade do conhecimento.

A pedagogia preocupou-se muito, durante mais de um século, com a idéia de uma educação natural, na qual a aquisição do conhecimento fosse muito semelhante ao modo pelo qual as crianças aprendem naturalmente a andar, falar, comer, reconhecer objetos, pessoas etc. Essa preocupação parece ter sido vencida, pois ao verificar-se o quanto as crianças descobrem, sem intervenção deliberada do adulto, percebe-se também que é fictícia a oposição entre natureza e educação. Ou todo processo de aprender é natural, ou nenhum é, pois toda aprendizagem provém de um impulso, de uma deliberação de aprender, de uma energia que orienta o aprendiz e o leva a relacionar-se com objetos, representações, idéias, eventos, regularidades, tudo isso e muito mais, graças a um pensamento inteligente. A aprendizagem estará sempre inserida na natureza do sujeito, é sua constante renovação, sua constante mudança de epiderme.

Toda aprendizagem, pois, constitui uma nova descoberta. Se a escola não só permite, mas também estimula que a criança, o adolescente ou o jovem adulto exerça essa capacidade outrora tão sufocada, atende também à verdadeira natureza das ações humanas. Conclui-se, então, que ensinar nunca será forçar uma aprendizagem, mas contribuir para despertar a energia que possa produzi-la naturalmente.

Uma nova filosofia construtivista domina os horizontes pedagógicos. Sua ótica é a da autoconstrução, da consciência que, ao conhecer o ser humano coloca em ação seus instrumentos intelectuais e, ao mesmo tempo em que aprende um acervo de saberes, aperfeiçoa, sem cessar, os ditos instrumentos. Do ponto de vista de certas teorias do conhecimento ou epistemologias que focalizam as relações entre o sujeito e o objeto, estas são recíprocas e interagentes. Porém, é o sujeito que tem a iniciativa e constrói suas estruturas de conhecimento. A representação, interiorização e transformação do saber por abstração reflexiva dá poder ao repertório intelectual do sujeito. Uma observação necessária: o pensamento precisa de alimentos, não se exerce no vazio; os conteúdos das diferentes Ciências só poderão ser oferecidos à aprendizagem do aluno acompanhados por todo o contexto intelectual e cultural que os acompanha.

Finalmente, cumpre-nos indicar que uma bibliografia atualizada e adequada estimula o leitor a ampliar seu campo de estudos. E lembrar que os relatos de experiências e os pontos de vista expressos pelos autores constituem um estímulo para o diálogo com os colegas cientistas e professores, interessados no aperfeiçoamento do ensino de Ciências no Brasil.

Amelia Domingues de Castro

CAPÍTULO 1

Critérios Estruturantes para o Ensino das Ciências

Anna Maria Pessoa de Carvalho

Ensino e aprendizagem são dois conceitos que têm ligações bastante profundas; fazer com que esses dois conceitos representem as duas faces de uma mesma moeda ou as duas vertentes de uma mesma aula é, e sempre foi, o principal objetivo da Didática. Como nos mostra Moura (2001), a possibilidade de organizar o ensino de modo que permita a melhoria da aprendizagem é uma premissa da Didática desde Comenius (1592-1604). Assim, a Didática, isto é, a área do conhecimento que procura respostas às questões: "por quê?" "o quê?", "para quem?" e "como se ensina?", deve transformar-se na mesma razão e na mesma direção do entendimento de como se aprende. Estes conceitos – de ensino e da aprendizagem, principalmente quando aparecem ligados a Ciências – sofreram muitas modificações a partir de meados do século XX, e temos de procurar uma consistência entre ambos para que realmente espelhem o trabalho em sala de aula.

Não podemos mais continuar ingênuos sobre como se ensina, pensando que basta conhecer um pouco o conteúdo e ter jogo de cintura para mantermos os alunos nos olhando e supondo que enquanto prestam atenção eles estejam aprendendo. Temos, sim, de incorporar a imensa quantidade de pesquisas feitas a partir dos anos 50 sobre a aprendizagem em geral e especificamente sobre a aprendizagem dos conceitos científicos, incluindo, com destaque, as discussões de como os trabalhos em história e filosofia das ciências podem contribuir para uma melhor compreensão dos próprios conteúdos das Ciências, funcionando como auxiliar em seu ensino e sua aprendizagem (Drive et al., 1996 e Adúriz-Bravo et al., 2002).

Entretanto, essa incorporação não pode ser aleatória, sem uma reflexão que abarque todos os diferentes ângulos dos processos de ensino e aprendizagem. Na procura de uma lógica interna, que integre coerentemente tanto o trabalho do professor quanto o dos alunos, procuramos identificar em cada um dos grandes eixos da didática das ciências, que são aqueles que respondem às suas questões fundamentais, critérios estruturantes que visem clarear e organizar as muitas influências sofridas na disciplina.

Podemos definir critérios estruturantes aos conjuntos de idéias fundamentais, capazes de organizar teoricamente os distintos conceitos e modelos que refletem o *status* epistemológico desta área do conhecimento e suas relações com outras disciplinas acadêmicas e com a própria prática do ensino em sala de aula (Adúriz-Bravo et al., 2002). Esses critérios devem dar sentido e propor respostas a questões cotidianas do ensino e da aprendizagem em sala de aula, além de integrar e dar significado ao resultado das inúmeras pesquisas que estão sendo realizadas nessa área.

O QUE E POR QUE ENSINAR – O PROBLEMA DO CONTEÚDO A SER ENSINADO

Uma das questões mais antigas da didática das ciências refere-se ao conteúdo que queremos ensinar, e essa questão, apesar de antiga, ainda provoca muitas discussões, principalmente quando se procura responder "por que ensinar o conteúdo proposto?".

Desde as últimas décadas do século XX, estão sendo propostas modificações nos objetivos da educação científica que afetam o entendimento do conceito de *conteúdo escolar*. Essas novas propostas, que no Brasil foram direcionadas pelos Parâmetros Curriculares Nacionais (PCNs), refletiram toda uma discussão internacional sobre o entendimento desse conceito.

Exige-se agora que o ensino consiga conjugar harmoniosamente a dimensão conceptual da aprendizagem disciplinar com a dimensão formativa e cultural. Propõe-se ensinar Ciências a partir do ensino *sobre* Ciências. O conteúdo curricular ganha novas dimensões ao antigo entendimento do conceito de conteúdo. Passa a incluir, além da dimensão conceitual, as dimensões procedimentais e atitudinais, esta representada pela discussão dos valores do próprio conteúdo.

A dimensão conceitual também sofre influência das mudanças culturais de nossa sociedade, assim assume particular importância a atual reconceptualização do ensino das ciências – a passagem da concepção de ensino de ciência pura para a concepção de Ciências/Tecnologia e Sociedade – CTS (Santos, 2001 e Gil et al., 2002), isto é, não se pode conceber hoje o ensino de Ciências sem que este esteja vinculado às discussões sobre os aspectos tecnológicos e sociais que essa ciência traz na modificação de nossas sociedades.

Na dimensão processual, não se aceita mais transmitir para as próximas gerações uma ciência "fechada", de conteúdos prontos e acabados, pois o entendimento da natureza da ciência passou a ser um dos objetivos primários da educação (Lederman, 1992, Khalick e Lederman, 2000). Os trabalhos em história, filosofia e epistemologia das ciências influenciaram muitos organizadores de currículo nesta vertente de definição do conteúdo que se pretende ensinar. De acordo com essas discussões, foi introduzido para o ensino de Ciências o conceito de *aculturação científica* em oposição à *acumulação de conteúdos científicos* com perfil enciclopedista (Matthews, 1994).

Um ensino que vise à aculturação científica deve ser tal que leve os estudantes a construir o seu conteúdo conceitual participando do processo de construção e dando oportunidade de aprenderem a argumentar e exercitar a razão, em vez de fornece-lhes respostas definitivas ou impor-lhes seus próprios pontos de vista transmitindo uma visão fechada das ciências.

Entender o desenvolvimento do conteúdo a ser ensinado nesses três aspectos direciona o ensino para uma finalidade cultural mais ampla – dimensão atitudinal –, muito relacionada com objetivos tais como democracia e moral, que são aqueles que advêm da tomada de decisões fundamentadas e críticas sobre o desenvolvimento científico e tecnológico das sociedades.

Logicamente, a mudança no conceito do conteúdo – qual novo conteúdo de Ciências que se deve ensinar – exige também modificações no desenvolvimento do trabalho em sala de aula desse conteúdo.

COMO ENSINAR – O PROBLEMA DAS METODOLOGIAS DE ENSINO

Queremos propor um outro conjunto de idéias para organizar teoricamente as respostas para a mais freqüente questão proposta a todos os professores: como ensinar, isto é, como planejar o trabalho cotidiano em sala de aula para alcançar os objetivos propostos? Ou, ainda, em outras palavras: como alcançar em uma seqüência de ensino (ou mesmo durante o desenvolvimento de toda uma disciplina) as três dimensões do conteúdo?

Em conseqüência da ampliação do conceito de conteúdo, principalmente levando-se em conta a nova postura na qual ensinar ciência incorpora a idéia de ensinar sobre ciência, o desenvolvimento da metodologia de ensino sofreu bastante influência das reflexões sobre filosofia das ciências e os trabalhos que estudaram o seu desenvolvimento histórico.

Ainda que a reflexão teórica sobre a ciência seja tão antiga como as ciências mesmo, somente no início do século XX se constitui como disciplina acadêmica independente, com um perfil epistemológico próprio e com um corpo profissional de investigadores. É dentro desse contexto que nos anos 20 forma-se uma escola de pensamento filosófico denominada de *positivismo lógico*. Essa primeira época da filosofia das ciências influenciou bastante a Didática das Ciências, porque os modelos gerados pelo positivismo lógico constituíram uma primeira formalização das idéias de sentido comum sobre a natureza das ciências e, por conseqüência, sobre como se ensinar Ciências (Adúriz-Bravo et al., 2002).

Uma segunda época, dentro do desenvolvimento do pensamento filosófico, surge a partir das obras que marcaram uma crítica ao positivismo lógico, abarcando desde Bachelard, quando em 1938 publicou o livro *A formação do espírito científico*, e Popper com *A lógica das investigações científicas* em 1934, recebendo grande impacto com o livro de Kuhn, *A estrutura das revoluções científicas* (1962), até a absorção aos finais dos anos 80, por parte da sociologia das ciências, do enfoque historicista iniciado por Kuhn. Essas linhas filosóficas influenciaram diretamente quase a totalidade das pesquisas em ensino de ciências feitas nas últimas décadas, as quais direcionaram para a busca de soluções para o problema da construção racional do conhecimento científico.

Entretanto, ao procurarmos soluções para o nosso problema – como podemos organizar a construção racional do conhecimento científico em sala de aula –, além da influência da filosofia da ciência sobre as concepções do que seja o próprio conhecimento científico, temos de pensar no aluno que está sendo levado a aprender.

As obras de Piaget, quando identificaram o indivíduo como construtor de seu próprio conhecimento e descreveram o processo de construção desse conhecimento, chamando atenção tanto para a continuidade como para a evolução desse processo deram ferramentas teóricas importantes para o entendimento do processo de aprendizagem em sala de aula e contribuíram com uma série de conceitos bastante utilizados nas pesquisas em Didática das Ciências, como por exemplo desequilibração, acomodação, tomada de consciência.

Também a descoberta de que os alunos trazem para as salas de aula noções já estruturadas, com toda uma lógica própria e coerente e um desenvolvimento de explicações causais que são fruto de seus intentos para dar sentido às atividades cotidianas, mas diferentes da estrutura conceitual e lógica usada na definição científica desses conceitos, abalou a didática tradicional, que tinha como pressuposto que o aluno era uma *tábula rasa*, ou seja, que não sabia nada sobre o que a escola pretendia ensinar.

Procurando conhecer como os alunos estruturavam suas concepções, começaram a surgir, a partir da década de 1970, as pesquisas em noções ou conceitos espontâneos nos mais diversos campos do conhecimento.

Essas pesquisas tiveram grande desenvolvimento na área do ensino de Física, tendo já aparecido na literatura dirigida aos professores livros e artigos sistematizando os resultados obtidos e mostrando as principais concepções espontâneas encontradas nos conteúdos ensinados na escola fundamental e média (Driver, Guesne e Tiberghien, 1989; Scott, Asoko e Driver, 1998).

Essa linha de pesquisa se estendeu a partir da área de Física para a área de investigação em ensino de Química, em que já encontramos trabalhos de revisão de literatura sobre conceitos espontâneos (Garnett e Hacking, 1995) e para a Biologia, em que também encontramos uma produção grande de pesquisas que mostram os diversos conceitos espontâneos dos alunos (Velasco, 1991; Carvalho, 1989; Trivelato Jr., 1993; Albadalejo e Lucas, 1988; Halden, 1989).

A primeira, e quem sabe a mais importante, tentativa de integração das concepções da filosofia das ciências, da teoria cognitiva de Piaget e das pesquisas de concepções espontâneas foi feita por Posner, Strike, Hewson e Gertzog, quando em 1982 publicaram o artigo "Accommodation of a scientific conception: towards a theory of conceptual change". Segundo os autores,

> Seria preciso que o sujeito encontrasse várias contradições ou problemas sem solução em suas concepções prévias como condição para a acomodação de um novo conceito, correspondendo aos momentos em que o sujeito é motivado a fazer modificações e reorganizações em suas concepções (Posner et al., 1982).

Nesse momento, sustentam que existem algumas condições importantes que devem ser satisfeitas antes que ocorra a acomodação de uma nova concepção. Destacam quatro condições que são comuns na maioria dos casos de acomodação, as quais obedecem à seguinte ordem de etapas: *insatisfação, inteligibilidade, plausibilidade* e *utilidade.*

A esse artigo se seguiram inúmeras pesquisas que procuraram, em situações de ensino, encontrar mudanças conceituais em seus alunos. Os dados empíricos obtidos não alcançaram os resultados esperados, mas apesar disso as hipóteses feitas pelos autores ainda são aceitas até hoje.

Em um trabalho subseqüente, Strike e Posner (1992) respondem a várias críticas feitas à teoria de 1982. Propõem um novo conceito, o de ecologia conceitual, que não só determinaria as condições para mudança, como também sofreria simultaneamente modificações para ajustar novos significados. Esse novo trabalho não teve a repercussão do primeiro, já que o conceito de ecologia conceitual mostrou-se muito amplo e de pouca utilidade na descrição do ensino e aprendizagem em sala de aula.

Entretanto, não podemos nos esquecer de que a Didática das Ciências é a área da produção do conhecimento sobre o ensino e a aprendizagem em uma sala de aula para um dado conteúdo; assim, para enfrentarmos esse trabalho cotidiano, algumas perguntas se fazem necessárias: como essas pesquisas em concepções espontâneas, essa coleção de dados empíricos, podem direcionar o conteúdo desse trabalho? Como esses estudos estão relacionados, por exemplo, às atividades rotineiras do professor de Ciências: as sistematizações teóricas, as práticas de laboratório, os problemas de lápis e papel e as avaliações?

Não podemos pensar em uma nova Didática das Ciências introduzindo somente inovações pontuais, restritas a um só aspecto. Um modelo de ensino – um modelo que responda à questão: "como ensinar?" – deve ter coerência interna, já que cada atividade de ensino deve apoiar-se nas restantes de tal forma que constitua um corpo de conhecimento que integre os distintos aspectos relativos ao ensino e à aprendizagem das ciências (Hodson, 1992). Além disso, deve incluir as idéias construtivistas de que uma aprendizagem significativa dos conhecimentos científicos requer a participação dos estudantes na (re)construção dos conhecimentos, que habitualmente se transmitem já elaborados, e superar os reducionismos e visões deformadas na natureza das ciências.

Na medida em que a Didática das Ciências pretende propor uma visão o mais próxima possível dos trabalhos científicos e sabendo que na atividade científica a "teoria", as "práticas de laboratório" e os "problemas", sobre um mesmo tema, aparecem absolutamente coesos, é necessário que as propostas para o ensino da "teoria", das "práticas de laboratório" e dos "problemas não" sejam diferenciadas.

Gil et al. (1999) relatam os avanços realizados pela investigação e inovação didáticas, em cada um desses três campos separadamente. E mais, apresentam uma análise desses trabalhos, demonstrando a integração dos mesmos em um único processo metodológico, já que a estratégia de ensino integradora desses campos "é a que associa a aprendizagem ao tratamento de situações problemáticas abertas que possam gerar o interesse dos estudantes"; nesses casos, "a aprendizagem das ciências é concebida assim, não como uma simples mudança conceptual, mas como uma mudança ao mesmo tempo conceitual, metodológica e atitudinal" (Gil et al., 1999).

Como afirmam Driver e Oldham (1986), talvez a mais importante implicação do modelo construtivista seja

> conceber o currículo não como um conjunto de conhecimentos e habilidades, mas como um programa de atividades através das quais esses conhecimentos e habilidades possam ser construídos e adquiridos.

Parafraseando Driver e Oldham (1986) e complementando com as posições de Gil et al. (1999), podemos propor que:

> A mais importante implicação do modelo construtivista seja conceber a Didática das Ciências Experimentais, não como um conjunto de conhecimento e habilidades, mas como um programa de atividades em que situações problemáticas abertas possam gerar o interesse dos estudantes e atra-

vés das quais consigamos uma mudança ao mesmo tempo conceitual, metodológica e atitudinal.

Procuramos alcançar uma coerência entre os objetivos propostos para o conteúdo a ser ensinado (objetivos conceituais, processuais e atitudinais) e o desenvolvimento metodológico desse ensino por meio desse programa de atividades.

COMO ENSINAR – O PROBLEMA DO PAPEL DO PROFESSOR

Vamos nesse item buscar as principais idéias para organizar respostas a duas importantes questões: "qual o papel do professor de ciências?" e "quais os principais problemas de sua formação?". Esta última questão está fora das preocupações da Didática das Ciências enquanto área de conhecimento, mas é bastante pertinente se pensarmos na Didática como uma das disciplinas formadoras de novos professores.

Um primeiro ponto a ser considerado relaciona-se ao próprio papel do professor na introdução de uma proposta didática inovadora. É preciso salientar sua importância. Embora a dinâmica interna de construção do conhecimento não possa ser ignorada, nem substituída pela intervenção pedagógica, tal intervenção é importante e consiste essencialmente na criação de condições adequadas para que a dinâmica interna ocorra e seja orientada em determinada direção, segundo as intenções educativas (Coll, 1996). A Didática sem uma prática de ensino equivalente perde todo o significado. O pensamento didático só ganha validade se for seguido de uma ação correspondente dos professores em suas classes, de tal forma que esta produza uma aprendizagem significativa de seus alunos.

A Didática e a prática de ensino são duas faces de uma mesma moeda, como o são o ensino e a aprendizagem. Nenhuma mudança educativa formal tem possibilidades de sucesso, se não conseguir assegurar a participação ativa do professor, ou seja, se, da sua parte, não houver vontade deliberada de aceitação e aplicação dessas novas propostas de ensino.

As mudanças propostas na Didática das Ciências não são só conceituais, mas elas encampam também os campos atitudinais e processuais, e esse processo diz respeito ao trabalho em sala de aula. Não basta ao professor *saber*, ele deve também *saber fazer* (Carvalho e Gil, 2000).

Não basta o professor *saber que* aprender é também apoderar-se de um novo gênero discursivo, o gênero científico escolar, ele também precisa *saber fazer* com que seus alunos aprendam a argumentar, isto é, que eles sejam capazes de reconhecer às afirmações contraditórias, as evidências que dão ou não suporte às afirmações, além da capacidade de integração dos méritos de uma afirmação. Eles precisam *saber criar* um ambiente propício para que os alunos passem a refletir sobre seus pensamentos, aprendendo a reformulá-los por meio da contribuição dos colegas, mediando conflitos pelo diálogo e tomando decisões coletivas.

A linguagem do professor é uma linguagem própria – a das ciências ensinadas na escola, construídas e validadas socialmente –, visto que uma das funções da escola é fazer com que os alunos se introduzam nessa nova linguagem, apreciando sua importância para dar novo sentido às coisas que acontecem ao seu redor, entrando em um mundo simbólico que representa o mundo real (Driver e Newton, 1997; Scott, 1997).

Para que ocorra uma mudança na linguagem dos alunos – de uma linguagem cotidiana para uma linguagem científica –, os professores precisam dar oportunidade aos estudantes de exporem suas idéias sobre os fenômenos estudados, num ambiente encorajador, para que eles adquiram segurança e envolvimento com as práticas científicas. É, portanto, necessária a criação de um espaço para a fala dos alunos nas aulas. Pela fala, além de poder tomar consciência de suas próprias idéias, o aluno também tem a oportunidade de poder ensaiar o uso de um novo gênero discursivo, que carrega consigo características da cultura científica (Mortimer, 1998; Capecchi e Carvalho, 2000).

É preciso também que os professores *saibam* construir atividades inovadoras que levem os alunos a evoluírem, em seus conceitos, habilidades e atitudes, mas é preciso também que eles *saibam dirigir os trabalhos dos alunos* para que estes realmente alcancem os objetivos propostos. O *saber fazer* nesses casos é, muitas vezes, bem mais difícil do que o *fazer* (planejar a atividade) e merece todo um trabalho de assistência e de análise crítica dessas aulas (Carvalho, 1996).

A Didática das Ciências expressa intrinsecamente uma relação entre teoria e prática. Se essa relação é importante na construção do conteúdo específico, essa mesma relação torna-se imprescindível ao domínio dos saberes da Didática das Ciências.

Uma das variáveis importantes na transposição das inovações didáticas, principalmente as propostas construtivistas, dos cursos de formação para as escolas secundárias é o conceito de ensino e de aprendizagem que esse professor possui. Semelhantemente às pesquisas descritas nos itens anteriores deste trabalho, que mostraram que os alunos, ao chegarem às salas de aula, têm modelos conceituais espontâneos sobre os mais diversos conteúdos específicos, e que esses modelos interferem no entendimento dos conceitos que o professor pretende ensinar, as pesquisas de formação de professores indicam esse mesmo mecanismo para os conceitos educacionais.

Muitos autores mostraram em suas pesquisas (Shuell, 1987; Hewson e Hewson, 1988; Azcarate, 1995) que os alunos/professores têm idéias, atitudes e comportamentos sobre o ensino devido ao tempo em que são alunos e ao tipo de aulas exclusivamente tradicionais que tiveram e ainda têm. A influência dessas aulas leva-os a terem "conceitos espontâneos de ensino" adquiridos de maneira natural, não reflexiva e não crítica e que têm se constituído em verdadeiros obstáculos à renovação do ensino.

Assim, se queremos que os futuros professores construam o seu conhecimento sobre o ensino, aqui também não podemos apresentar propostas didáticas acabadas, mas favorecer um trabalho de "mudança didática" (Carvalho e Gil, 1993) que conduza os professores, a partir de suas próprias concepções, a ampliar seus recursos e modificar suas idéias e atitudes de ensino. Temos de ser construtivistas nos nossos cursos de formação.

Essas mudanças didáticas não são fáceis. Não é só uma questão de tomada de consciência pontual, mas é preciso romper com um tratamento ateórico e colocar a Didática das Ciências como uma (re)construção de conhecimentos específicos sobre os processos de ensino e aprendizagem.

É nesse contexto que situamos a influência das pesquisas sobre reflexão de professores e os conceitos de "reflexão na ação" e "reflexão sobre a ação" (Schön, 1992 e Zeichner, 1993). Toda a atividade reflexiva leva o sujeito a pensar, em segundo grau, sobre seus próprios procedimentos ou processos intelectuais, e, como mostram os autores, nessas atividades o sujeito é levado a um olhar de outra natureza sobre o que ele fez ou aprendeu. Esse tipo de olhar induz a um desapego que autoriza críticas e permite a descentração, sendo, dessa maneira, uma atividade facilitadora na busca da reelaboração didática.

Existe um grande problema na formação de professores do qual não podemos fugir. Uma coisa é o futuro professor num curso de formação, falar sobre o ensino e mesmo planejá-lo. Outra, é esse mesmo aluno/professor pôr em prática todas as idéias que tão bem defendeu teoricamente (Carvalho, 1988). As idéias inovadoras e criativas sobre o ensino de determinado conteúdo, amplamente discutidas e aceitas em um curso de formação, quase nunca são acompanhadas por uma prática docente compatível, quando esse mesmo professor enfrenta a sua sala de aula (Trivelato, 1993).

Essa dicotomia, teoria *versus* prática, põe em xeque os cursos de Didática das Ciências. Muitas pesquisas têm sido feitas abordando esse problema, e nós mesmos nos debruçamos para estudá-lo (Abib, 1996; Darsie, 1998; Bejarano, 2001 e Tinoco, 2000).

Uma das atividades de metacognição, mais eficaz na formação de professores, é a realizada a partir da análise em conjunto executada nas aulas de Didática das Ciências, dos vídeos dos próprios alunos/professores gravados quando eles dão suas aulas nas escolas da comunidade (Carvalho, 1996).

Essas atividades de metacognição levam o aluno/professor a uma reflexão sobre a ação, permitindo a confrontação de seus conceitos teóricos sobre o ensino de uma dada disciplina com o seu desempenho em classe. Essas aulas, no curso Didática das Ciências, são desequilibradoras, mas também são muito ricas, pois as imagens em vídeo nos dão condições concretas de discutir o que acontece. É o próprio fenômeno educacional visto em outra dimensão e proporcionando uma metanálise. É durante essas aulas, em discussões coletivas, que os alunos/professores tomarão consciência de muitos aspectos da relação entre o ensino e a aprendizagem ou, mais freqüentemente, entre o ensino e a não-aprendizagem (Tabachinik e Zeichner, 1999). É a partir dessas experiências metacognitivas que obteremos condições para problematizar o ensino tradicional proporcionando aos alunos/professores "condições que os levem a investigar os problemas de ensino e aprendizagem que são colocados por sua própria atividade docente" (Gil e Carvalho, 2000 e Maiztegui et al., 2000).

Se o objetivo é propor uma mudança conceitual, atitudinal e metodológica nas aulas para que, através dessas mesmas aulas, os professores consigam que seus alunos construam um Firme e forteconhecimento científico que não seja somente a lembrança de uma série de conceitos prontos, mas abranja as dimensões atitudinais e processuais já discutidas anteriormente, temos que aproveitar essas atividades metacognitivas para, pelo menos, alcançarmos três condições:

1. Problematizar a influência no ensino das concepções de Ciências, de Educação e de Ensino de Ciências que os professores levam para a sala de aula.

A literatura tem mostrado a força das concepções epistemológicas dos professores sobre a natureza da ciência que ensinam, de suas concepções alternativas sobre ensino e da forma como os alunos aprendem e a influência dessas representações nas decisões sobre o ensino e nas práticas docentes (Hewson e Hewson, 1987; Trivelato, 1993; Adams e Krockover, 1997; Beach e Pearson, 1998 e Hewson et al., 1999).

A discussão dessas atividades nos leva, invariavelmente, a um questionamento das visões simplistas do processo pedagógico de ensino das ciências usualmente centradas no modelo transmissão-recepção e na concepção empirista-positivista de ciências (Silva e Schnetzler, 2000). Somente com a tomada de consciência dessa dicotomia teoria *versus* prática, aqui representada pelo que o professor pretendeu ensinar e realmente como ele ensinou, podemos produzir uma desestruturação necessária a uma possível mudança na sua proposta de ensino.

2. Favorecer a vivência de propostas inovadoras e a reflexão crítica explícita das atividades de sala de aula.

Um problema que encontramos nas nossas investigações diz respeito à dificuldade do professor em realizar as mudanças na "sua didática" (Carvalho, 1999). O ensino baseado em pressupostos construtivistas exige novas práticas docentes e discentes, inusuais na nossa cultura escolar. Introduz um novo ambiente de ensino e de aprendizagem, que apresenta dificuldades novas e insuspeitadas ao professor. Ele precisa sentir e tomar consciência desse novo contexto e do novo papel que deverá exercer na classe.

Essas transformações não são tranquilas. Há inúmeras resistências às mudanças. Devemos estar preparados para discuti-las teórica e praticamente. Entretanto, discussões coletivas, durante o curso, permitem a conscientização das dificuldades surgidas e do novo papel desempenhado por professores e alunos, levando os participantes a um melhor entendimento dessas propostas.

3. Introduzir os professores na investigação dos problemas de ensino e aprendizagem de Ciências, tendo em vista superar o distanciamento entre contribuições da pesquisa educacional e a sua adoção.

Incentivamos a experimentação, pelos professores, dessas atividades em suas aulas e seu registro (em vídeo) como material de discussão e reflexão coletiva dos processos de ensino e aprendizagem, concebendo então a prática pedagógica cotidiana como objeto de investigação, como ponto de partida e de chegada de reflexões e ações pautada na articulação teoria-prática (Carvalho e Gil, 1993 e Carvalho e Gonçalves, 2000).

COMENTÁRIOS FINAIS

Os três grandes critérios teóricos estruturantes que apresentamos – o conteúdo, a metodologia, o papel dos professores – proporcionam um mapa dos problemas a serem enfrentados na estruturação de uma Didática das Ciências, ou seja, de uma reflexão-ação para o ensino das ciências. Nesse sentido, esses critérios teóricos estruturantes constituem uma ferramenta de análise de propostas de ensino, pois permitem identificar o grau de complexidade e coerência teórica intrínseco em cada uma delas e, portanto, permite uma avaliação de suas qualidades didáticas.

REFERÊNCIAS BIBLIOGRÁFICAS

ABIB, M. L. V. *A construção de conhecimentos sobre ensino na formação inicial do professor de física*: "... agora, nós já temos as perguntas", 1996. Tese (Doutorado) – Faculdade de Educação, Universidade de São Paulo, São Paulo.

ADAMS, P. E. e KROCKOVER, H. G. Concerns and perceptions of beginning secondary science and mathematics teachers, *Science Education*, 81, p. 29-50(a), 1997.

ADÚRIZ-BRAVO, A.; IZQUIERDO, M. e ESTANY, A. Una propuesta para estructurar la enseñanza de la filosofía de la ciencia para el profesorado de ciencia en formación. *Enseñanza de las Ciencias*, 20 (3), p. 465-476, 2002.

ALBADALEJO, C. e LUCAS, A. Pupils' meaning for mutation. *Journal of Biological Education*, 22(3), p. 215-219, 1988.

AZCÁRATE, P. Las concepciones de los profesores y la formación del profesorado. In: BLANCO, L. J. e MELLADO, V. (Coord.). *La formación del profesorado de ciencias y matemáticas en España y Portugal.* Imprenta de la Excma. Espanha: Badajoz, 1995, p. 39-48.

BEACH, R. e PEARSON, D. 1998. *Changes in preservice teachers' perceptions of conflicts and tensions,* Teaching and Teacher Education, 14(3), p. 337-351, 1998.

BEJARANO, N. R. R. *Tornando-se professor de física:* conflitos e preocupações. 2001. Tese (Doutorado) – Faculdade de Educação, Universidade de São Paulo, São Paulo.

CAPECCHI, M. C. V. M. e CARVALHO, A. M. P. *Interações discursivas na construção de explicações para fenômenos físicos em sala de aula.* VII EPEF, Florianópolis, 2000.

CARVALHO, A. M. Formação de professores: o discurso crítico-liberal em oposição ao agir dogmático repressivo. *Ciência e Cultura,* SBPC 41(5), p. 432-434, 1988.

CARVALHO, A. M. P. O uso do vídeo na tomada de dados: pesquisando o desenvolvimento do ensino em sala de aula. *Pro-Posições,* Unicamp, 7, nº 1 (19), p. 5-13, mar. 1996.

CARVALHO, A. M. P. *Uma investigação na formação continuada de professores:* a reflexão sobre as aulas e a superação de obstáculos. Atas do II ENPEC — Encontro Nacional de Pesquisa em Educação em Ciências. CD-ROM, 1999.

CARVALHO, A. M. P. e GIL, D. *Formação de professores de Ciências.* São Paulo: Cortez, 1993.

_____. O saber e o saber fazer dos professores. In: CASTRO A. D. e CARVALHO, A. M. P. *Ensinar a ensinar.* São Paulo: Pioneira Thomson Learning, 2001.

CARVALHO, A. M. P. e GONÇALVES, M. E. R. Formación continuada de profesores: el video como tecnología propulsora de la reflexión. *Cadernos de Pesquisa da Fundação Carlos Chagas,* São Paulo, v. 111, p. 71-88, 2000.

CARVALHO, L. M. O pensamento animista em crianças e adolescentes em idade escolar. *Revista da Faculdade de Educação,* v. 15, n. 1, p. 35-48, 1989.

COLL, C. *Psicologia e currículo:* uma aproximação psicopedagógica à elaboração do currículo escolar. São Paulo: Ática, 1996.

DARSIE, M. M. *A reflexão distanciada na construção dos conhecimentos profissionais do professor em curso de formação.* 1998. Tese (Doutorado) – Faculdade de Educação, Universidade de São Paulo, São Paulo.

DRIVE, R.; LEACH, J.; MILLAR, R. e SCOTT, P. *Young people's image of science.* Bristol: Open University Press, 1996.

DRIVER, R. e NEWTON, P. Establishing the norms of scientific argumentation in classrooms. *Paper prepared for presentation at the ESEARA Conference,* 2-6 September, Rome, 1997.

DRIVER, R. e OLDHAM, V. A constructivist approach to curriculum development in science. *Studies in Science Education,* 13, p. 105-122, 1986.

DRIVER, R.; GUESNE, E., e TIBERGHIEN, A. Children's ideas in science. Open University Press. Milton Keynes. Tradução P. Manzano. *Ideas científicas en la infancia y la adolescencia.* Madrid: Morata/MEC, 1989.

GARNETT, P. J. e HACKING M. W. Students' a alternativs conceptions in chemistry, review of research and implications for teaching and learning. *Studies in Science Educations,* 25, p. 69-95, 1995.

GIL, D. et al. Trabalho publicado na revista da OEI, 2002.

GIL, D. e CARVALHO, A. M. P. Dificultades para incorporar a la enseñanza los hallazgos de la investigación y la innovación en didáctica de las ciencias, *Educación Química,* 11 (2), p. 244-251, 2000.

GIL, D. et al. Tiene sentido seguir distinguiendo entre aprendizaje de conceptos, resolución de problemas con lápiz y papel y realización de prácticas de laboratorio. *Enseñanza de las Ciencias,* Barcelona, v. 17, n. 2, p. 311-321, 1999.

HALDEN, O. The evolution of species: pupils perspectives and school perspectives. *International Journal of Science Education,* 10(5), p. 541 552, 1989.

HEWSON, P. W. e HEWSON, M. G. Science teachers' conceptions of teaching: implications for teacher education. *International Journal of Science Education,* 9(4), p. 424-44, 1987.

_____. On appropriate conception of teaching science: a view from studies of science learning. *Science Education* 72(5), p. 597-614, 1988.

HEWSON, P. W. et al. Educating prospective teachers of biology: finding, limitation, and recommendations, *Science Education,* 83 (3), p. 373- 384, 1999.

HODSON, D. In search of a meaningful relationship: an exploration of some issues relating to integration in science and science education. *International Journal of Science Education,* 14(5), p. 541-566, 1992.

KHALICK e LEDERMAN N. G. *International Journal of Science Education,* 22 (7), p. 665-701, 2000.

LEDERMAN, N. G. Students' and teachers' conceptions of the nature of science: a review of the research. *Journal of Research in Science Education,* 29 (4), p. 331-359, 1992.

MAIZTEGUI, A. P. La formación de los profesores de ciencias en la Argentina. *Boletín de la Academia Nacional de Educación,* Buenos Aires, v. 46, p. 26-34, 2000.

MATTHEWS, M. R. *Science teaching:* the role of history and philosophy of science. New York: Rutledge, 1994.

MORTIMER, E. F. Multivoicedness and univocality in classroom discourse: an example from theory of matter. *International Journal of Science Education,* v. 20, n. 1, p. 67-82, 1998.

MOURA, M. O. A atividade de ensino como ação formadora. In: CASTRO A. D. e CARVALHO, A. M. P. *Ensinar a ensinar.* São Paulo: Pioneira Thomson Learning, 2001.

POSNER, G. J. et al. Accommodation of a scientific conception: toward a theory of conceptual change. *Science Education,* v. 6, n. 2, 1982.

SANTOS, M. E. N. V. M. Análise de discursos de tipo CTS em manuais de ciências. Trabalho apresentado no Congreso de Didactica de las Ciencias, Barcelona, Espanha, set. 2001.

SCHÖN, D. Formar professores como profissional reflexivo. In: NÓVOA, António (Coord.). In *Os professores e a sua formação,* Portugal: Dom Quixote, 1992. p. 77-91.

SCOTT, P. H.; ASOKO, H. M. e DRIVER, R. H. Teaching for conceptual change: a review of strategies. In: TIBERGHIEN, A.; JOSSEM, E. L.; BAROJAS, J. *Connecting research in physics education with teacher education.* ICPE. Disponível em: http://www.physics.ohiostate.edu/~jossem/ICPE/TOC.html, 1998.

SCOTT, P. Teaching and learning science concepts in the classroom: talking a path from spontaneous to scientific knowledge. *Atas do Encontro sobre Teoria e Pesquisa em Ensino de Ciências,* Belo Horizonte, 1997.

SHUELL, T. J. Cognitive psychology and conceptual change: implications for teaching Science. *Science Education* 71 (2), p. 239-250, 1987.

SILVA, L. H. A. e SCHNETZLER, R. P. Buscando o caminho do meio: a "sala dos espelhos" na criação de alianças entre professores e formadores de professores de Ciências. *Revista Ciências & Educação*, 6 (1), p. 43-53, 2000.

STRIKE, K. A.; POSNER, G. J. *A revisionist theory of conceptual change.* In: DUSCHI, R. e HAMILTON, R. (Ed.). *Philosophy of science, cognitive science and educational theory and practice.* Albany (NY): Suny Press, 1992.

TABACHINIK, B. R. e ZEICHNER, K. M. Idea and action: action research and the development of conceptual change teaching science. *Science Education*, 83 (3), p. 309-322, 1999.

TINOCO, S. C. *A mudança nas concepções dos professores sobre aprendizagem de Ciências*, 2000. Dissertação (Mestrado) – Faculdade de Educação, Universidade de São Paulo, São Paulo.

TRIVELATO JR., J. *Noções e concepções de crianças e adolescentes sobre decompositores:* fungos e bactérias. 1993. Dissertação (Mestrado) – Faculdade de Educação, Universidade de São Paulo, São Paulo.

TRIVELATO, S. L. F. *Ciência, tecnologia e sociedade:* mudanças curriculares e formação de professores. 1993. Tese (Doutorado) – Faculdade de Educação, Universidade de São Paulo, São Paulo.

VELASCO, J. M. Cuando un ser vivo puede ser considerado animal? *Enseñanza de las Ciencias*, 9 (1), p. 430-52, 1991.

ZEICHNER, K. *A formação reflexiva dos professores*: idéias e práticas. Lisboa: Educa, 1993.

CAPÍTULO 2

Ensino por Investigação: Problematizando as Atividades em Sala de Aula

Maria Cristina P. Stella de Azevedo

Se tivermos como objetivo um planejamento e uma proposta de ensino por investigação, não podemos utilizar o título *problema* inadequadamente. Da forma em que aparece nos livros didáticos, no item "problemas" encontramos normalmente exercícios de aplicação com "uma tendência ao operativismo (típico de exercícios repetitivos)", e não "investigações que suponham a ocasião de aplicar a metodologia científica" (Gil e Torregrosa, 1987). Em um curso de Física, torna-se de fundamental importância apresentar aos alunos problemas para serem resolvidos, pois essa é a realidade dos trabalhos científicos em todo o mundo.

Os trabalhos de pesquisa em ensino mostram que os estudantes aprendem mais sobre a ciência e desenvolvem melhor seus conhecimentos conceituais quando participam de investigações científicas, semelhantes às feitas nos laboratórios de pesquisa (Hodson, 1992). Essas investigações, quando propostas aos alunos, tanto podem ser resolvidas na forma de práticas de laboratório como de problemas de lápis e papel.

As recentes investigações parecem mostrar que deixando como atividades separadas a resolução de problemas, a teoria e as aulas práticas, os alunos acabam com uma visão deformada do que é ciência, já que na realidade do cientista essas formas de trabalho aparecem muito relacionadas umas com as outras, formando um todo coerente e interdependente.

As tentativas realizadas de propor a aprendizagem de domínios científicos concretos (termodinâmica, mecânica, ótica etc.) como uma construção de conhecimentos está, de fato, levando a uma integração funcional de tais atividades, sem que seja possível distinguir entre teoria, práticas ou problemas.

Como Gil et al. (1999) mostram:

> Pode-se pensar, pois, em abraçar as práticas de laboratório e a resolução de problemas de lápis e papel como variantes de uma mesma atividade: o tratamento de situações problemáticas abertas, com uma orientação próxima do que constitui o trabalho científico. De fato, o teste de uma hipótese, em uma investigação real, pode e deve fazer-se tanto experimentalmente como mostrando a coerência de suas implicações com o corpo de conhecimento aceito pela comunidade científica.

Partindo dessas considerações, torna-se necessário incluir no planejamento de um curso de Física por investigação questões abertas e problemas abertos, demonstrações investigativas e laboratórios abertos, que estão mais próximos do que se imagina tanto em seu papel na construção do conhecimento, quanto no trabalho científico realizado pelos cientistas.

O objetivo é levar os alunos a pensar, debater, justificar suas idéias e aplicar seus conhecimentos em situações novas, usando os conhecimentos teóricos e matemáticos.

O PAPEL DAS ATIVIDADES INVESTIGATIVAS NA CONSTRUÇÃO DO CONHECIMENTO

Uma atividade investigativa (não necessariamente de laboratório) é, sem dúvida, uma importante estratégia no ensino de Física e de Ciências em geral. Moreira e Levandowski (1983) ressaltam que a atividade experimental "é componente indispensável no ensino da Física" e que "esse tipo de atividade pode ser orientada para a consecução de diferentes objetivos".

É preciso que sejam realizadas diferentes atividades, que devem estar acompanhadas de situações problematizadoras, questionadoras e de diálogo, envolvendo a resolução de problemas e levando à introdução de conceitos para que os alunos possam construir seu conhecimento (Carvalho et al., 1995).

Conforme Moreira (1983), a resolução de problemas que leva a uma investigação deve estar fundamentada na ação do aluno. Os alunos devem ter oportunidade de agir e o ensino deve ser acompanhado de ações e demonstrações que o levem a um trabalho prático.

Para que uma atividade possa ser considerada uma atividade de investigação, a ação do aluno não deve se limitar apenas ao trabalho de manipulação ou observação, ela deve também conter características de um trabalho científico: o aluno deve refletir, discutir, explicar, relatar, o que dará ao seu trabalho as características de uma investigação científica.

Essa investigação, porém, deve ser fundamentada, ou seja, é importante que uma atividade de investigação faça sentido para o aluno, de modo que ele saiba o porquê de estar investigando o fenômeno que a ele é apresentado. Para isso, é fundamental nesse tipo de atividade que o professor apresente um problema sobre o que está sendo estudado. A colocação de uma questão ou problema aberto como ponto de partida é ainda um aspecto fundamental para a criação de um novo conhecimento. Bachelard (1996) assinala que "todo conhecimento é resposta a uma questão".

Para Lewin e Lomascólo (1998):

> A situação de formular hipóteses, preparar experiências, realizá-las, recolher dados, analisar resultados, quer dizer, encarar trabalhos de laboratório como 'projetos de investigação', favorece fortemente a motivação dos estudantes, fazendo-os adquirir atitudes tais como curiosidade, desejo de experimentar, acostumar-se a duvidar de certas afirmações, a confrontar resultados, a obterem profundas mudanças conceituais, metodológicas e atitudinais.

Podemos dizer, portanto, que a aprendizagem de procedimentos e atitudes se torna, dentro do processo de aprendizagem, tão importante quanto a aprendizagem de conceitos e/ou conteúdos.

No entanto, só haverá a aprendizagem e o desenvolvimento desses conteúdos – envolvendo a ação e o aprendizado de procedimentos – se houver a ação do estudante durante a resolução de um problema: diante de um problema colocado pelo professor, o aluno deve refletir, buscar explicações e participar com mais ou menos intensidade (dependendo da atividade didática proposta e de seus objetivos) das etapas de um processo que leve à resolução do problema proposto, enquanto o professor muda sua postura, deixando de agir como transmissor do conhecimento, passando a agir como um guia.

A experimentação baseada na resolução de problemas não é suficiente para a descoberta de uma lei física, tampouco achamos necessário que o aluno passe por todas as etapas do processo de resolução de maneira autônoma, mas que, com base nos conhecimentos que os alunos já possuem do seu contato cotidiano com o mundo, o problema proposto e a atividade de ensino criada a partir dele venham despertar o interesse do aluno, estimular sua participação, apresentar uma questão que possa ser o ponto de partida para a construção do conhecimento, gerar discussões e levar o aluno a participar das etapas do processo de resolução do problema.

Outro objetivo na resolução de problemas é proporcionar a participação do aluno de modo que ele comece a produzir seu conhecimento por meio da interação entre pensar, sentir e fazer. A solução de problemas pode ser, portanto, um instrumento importante no desenvolvimento de habilidades e capacidades, como: raciocínio, flexibilidade, astúcia, argumentação e ação. Além do conhecimento de fatos e conceitos, adquirido nesse processo, há a aprendizagem de outros conteúdos: atitudes, valores e normas que favorecem a aprendizagem de fatos e conceitos. Não podemos esquecer que, se pretendemos a construção de um conhecimento, o processo é tão importante quanto o produto.

Utilizar atividades investigativas como ponto de partida para desenvolver a compreensão de conceitos é uma forma de levar o aluno a participar de seu processo de aprendizagem, sair de uma postura passiva e começar a perceber e a agir sobre o seu objeto de estudo, relacionando o objeto com acontecimentos e buscando as causas dessa relação, procurando, portanto, uma explicação causal para o resultado de suas ações e/ou interações.

O processo de pensar, que é fruto dessa participação, faz com que o aluno comece a construir também sua autonomia (Carvalho et al., 1998). Para Garret (1988), pensar é parte do processo de solucionar problemas, e inclui o reconhecimento da existência de um problema e as ações que são necessárias para seu enfrentamento. A experimentação, mediante a observação de fenômenos em um curso de Ciências, pode ainda ser um instrumento na criação de conflitos cognitivos. Carvalho (1992) define o conflito cognitivo como uma estratégia segundo a qual o aluno aprende se suas concepções espontâneas são colocadas em confronto com os fenômenos ou com resultados experimentais. Desse modo, por meio da observação e da ação, que são pressupostos básicos para uma atividade investigativa, os alunos podem perceber que o conhecimento científico se dá através de uma construção, mostrando assim seu aspecto dinâmico e aberto, possibilitando até mesmo que o aluno participe dessa construção, ao contrário do que descrevem os livros de Ciências, em que o "método científico" é mostrado como algo fechado, uma seqüência lógica e rígida, composta de passos a serem seguidos, fazendo com que o aluno pense que a ciência é fechada, criada a partir e somente da observação.

Gil e Castro (1996) descrevem alguns aspectos da atividade científica que podem ser explorados numa atividade investigativa, pois ressaltam a importância dessas atividades. Dentre eles estão:

1. apresentar situações problemáticas abertas;
2. favorecer a reflexão dos estudantes sobre a relevância e o possível interesse das situações propostas;
3. potencializar análises qualitativas significativas, que ajudem a compreender e acatar as situações planejadas e a formular perguntas operativas sobre o que se busca;
4. considerar a elaboração de hipóteses como atividade central da investigação científica, sendo esse processo capaz de orientar o tratamento das situações e de fazer explícitas as pré-concepções dos estudantes;
5. considerar as análises, com atenção nos resultados (sua interpretação física, confiabilidade etc.), de acordo com os conhecimentos disponíveis, das hipóteses manejadas e dos resultados das demais equipes de estudantes;
6. conceder uma importância especial às memórias científicas que reflitam o trabalho realizado e possam ressaltar o papel da comunicação e do debate na atividade científica;
7. ressaltar a dimensão coletiva do trabalho científico, por meio de grupos de trabalho, que interajam entre si.

Podemos dizer também que nesse tipo de trabalho há um envolvimento emocional por parte do aluno, pois ele passa a usar suas estruturas mentais de forma crítica, suas habilidades e também suas emoções. Mais uma vez, o processo de aprendizagem mostra-se importante, pois se o objetivo é o ensino de procedimentos científicos, o método é conteúdo.

Em um laboratório tradicional, o aluno deve seguir instruções (de um manual ou do professor) sobre as quais não tem nenhum poder de decisão. Seguindo uma série de passos propostos, deve chegar a um objetivo predeterminado.

Segundo Carrasco (1991), as aulas de laboratório devem ser essencialmente investigações experimentais pelas quais se pretende resolver um problema. Essa é uma boa definição para a abordagem do Laboratório Aberto e pode ser estendida para outras atividades de ensino por investigação. Em uma atividade de laboratório dentro dessa proposta, o que se busca não é a verificação pura e simples de uma lei. Outros objetivos são considerados como de maior importância, como, por exemplo, mobilizar os alunos para a solução de um problema científico e, a partir daí, levá-los a procurar uma metodologia para chegar à solução do problema, às implicações e às conclusões dela advindas.

Os objetivos pedagógicos que se procura atingir com essa abordagem podem ser resumidos na lista de cinco grupos citados por Blosser (1988):

- *habilidades* – de manipular, questionar, investigar, organizar, comunicar;
- *conceitos* – por exemplo: hipótese, modelo teórico, categoria taxonômica;
- *habilidades cognitivas* – pensamento crítico, solução de problemas, aplicação, síntese;
- *compreensão da natureza da ciência* – empreendimento científico, cientistas e como eles trabalham, a existência de uma multiplicidade de métodos científicos, inter-relações entre ciência e tecnologia e entre várias disciplinas científicas;
- *atitudes* – por exemplo: curiosidade, interesse, correr risco, objetividade, precisão, perseverança, satisfação, responsabilidade, consenso, colaboração, gostar de ciência.

O PROFESSOR E O ALUNO NUMA PROPOSTA INVESTIGATIVA

Um aspecto que fica evidente na análise feita sobre o papel da investigação é o da mudança de atitude que essa metodologia deve proporcionar tanto no aluno como na prática do professor.

Numa proposta que utilize a investigação com os objetivos descritos anteriormente, o aluno deixa de ser apenas um observador das aulas, muitas vezes expositivas, passando a ter grande influência sobre ela, precisando argumentar, pensar, agir, interferir, questionar, fazer parte da construção de seu conhecimento. Com isso, deixa de ser apenas um conhecedor de conteúdos, vindo a "aprender" atitudes, desenvolver habilidades, como argumentação, interpretação, análise, entre outras. Observamos que, quando os alunos têm oportunidade de expor suas idéias, elaborar hipóteses, questionar e defender seus pontos de vista, as idéias que surgem nas respostas são diferentes, relacionadas às conversas ocorridas nos diferentes grupos de estudantes, ficando o professor com a função de acompanhar as discussões, provocar, propondo novas questões e ajudar os alunos a manterem a coerência de suas idéias (Duschl, 1998).

Para isso, muito mais do que saber a matéria que está ensinando, o professor que se propuser a fazer de sua atividade didática uma atividade investigativa deve tornar-se um professor questionador, que argumente, saiba conduzir perguntas, estimular, propor desafios, ou seja, passa de simples expositor a orientador do processo de ensino. Carvalho et al. (1998) descrevem a influência do professor num ensino em que o aluno faz parte da construção de seu conhecimento da seguinte maneira:

> É o professor que propõe problemas a serem resolvidos, que irão gerar idéias que, sendo discutidas, permitirão a ampliação dos conhecimentos prévios; promove oportunidades para a reflexão, indo além das atividades puramente práticas; estabelece métodos de trabalho colaborativo e um ambiente na sala de aula em que todas as idéias são respeitadas.

AS ATIVIDADES INVESTIGATIVAS

Descreveremos as atividades investigativas que podem ser todas encaradas como problemas a serem resolvidos, que foram usadas em sala de aula:

Demonstrações Investigativas

Geralmente, as demonstrações de experimentos em Ciências são feitas com o objetivo de ilustrar uma teoria, ou seja, o fenômeno é demonstrado a fim de comprovar uma teoria já estudada ou em estudo. Acreditamos que as demonstrações experimentais podem trazer uma contribuição maior para o ensino de Física, desde que envolvam uma investigação acerca dos fenômenos demonstrados.

Chamamos de demonstrações experimentais investigativas as demonstrações que partem da apresentação de um problema ou de um fenômeno a ser estudado e levam à investigação a respeito desse fenômeno.

Como trabalhamos as demonstrações investigativas

De maneira geral, as demonstrações feitas em sala de aula partem sempre de um problema. Esse problema é proposto à classe pelo professor, que por meio de questões feitas aos alunos procura "detectar" que tipo de pensamento, seja ele intuitivo ou de senso comum, eles possuem sobre o assunto. Com isso, pretendemos que o aluno exercite suas habilidades de argumentação, chegando mediante esse processo à elaboração do conceito envolvido.

Por exemplo: mostra-se uma bexiga vazia acoplada a um erlenmayer e o professor pergunta: "O que acontecerá com a bexiga quando aquecermos o erlenmayer?"

Para alguns alunos, muitas vezes a "solução" para o problema colocado parece simples, isso porque trabalhamos diretamente com questões relacionadas ao cotidiano desse aluno, mas, em geral, nenhum aluno possuía uma explicação científica para o que estava sendo observado. Assim, respondiam apenas "a bexiga enche" ou "a bexiga vai estourar".

O papel do professor é o de construir com os alunos essa passagem do saber cotidiano para o saber científico, por meio da investigação e do próprio questionamento acerca do fenômeno.

A partir da formulação do problema e de uma discussão geral com a sala de aula, que se diversificou para cada experiência, a demonstração era realizada e, aí sim, iniciava-se uma discussão sobre o que havia sido observado e também sobre quais seriam as explicações científicas acerca do observado, muitas vezes auxiliadas por textos de história da Ciência, que mostravam a evolução do conceito envolvido. No exemplo citado, o professor questiona novamente: "por quê?". Os alunos, então, buscam uma explicação dentro dos conhecimentos já adquiridos para o fenômeno: alguns acham que ocorre convecção, outros, dilatação. O professor sugere, então, que se aqueça o conjunto "de cabeça para baixo", isto é, aquecendo a bexiga, a fim de confirmar ou não a convecção. Quando não se confirma a convecção, abre-se espaço para a proposta de explicação que é a dilatação do ar, e o professor, então, aprofunda, fazendo com que expliquem o que está acontecendo com as partículas do ar, a fim de que os alunos possam estabelecer a diferença entre os dois fenômenos usando a Teoria Cinético Molecular.

Além dessas discussões, em todas as atividades experimentais demonstrativas os alunos tiveram que refletir sobre o que havia acontecido e descrever suas observações, ou seja, reflexões, discussões, relatos e ponderações já citados (Carvalho et al., 1998). Com isso, a atividade experimental deixa de ser apenas uma ilustração da teoria e torna-se um instrumento riquíssimo do processo de ensino.

Após as discussões e as reflexões, é a vez de o professor sistematizar as explicações dadas ao fenômeno, preocupando-se em enfatizar como a ciência o descreve e, algumas vezes, quando necessário, chegando às representações matemáticas que expressam o fenômeno.

As demonstrações realizadas em sala podem ser chamadas de investigativas, porque o aluno foi levado a participar da formulação de hipóteses acerca do problema proposto pelo professor e da análise dos resultados obtidos, ou seja, foi levado a encarar os trabalhos experimentais desenvolvidos em sala de aula como atividades de investigação (Lewin e Lomascólo, 1998).

A análise das aulas de demonstração investigativa permitiu que se verificassem as contribuições que uma atividade experimental como esta, ligada à solução de problemas e à argumentação, pode trazer para o ensino de Física. Dentre elas, estão:

- percepção de concepções espontâneas por meio da participação do aluno nas diversas etapas da resolução de problemas;
- valorização de um ensino por investigação;
- aproximação de uma atividade de investigação científica;
- maior participação e interação do aluno em sala de aula;
- valorização da interação do aluno com o objeto de estudo;
- valorização da aprendizagem de atitudes e não apenas de conteúdos;
- possibilidade da criação de conflitos cognitivos em sala de aula.

Laboratório Aberto

Uma atividade de laboratório aberto busca, como as outras atividades de ensino por investigação, a solução de uma questão, que no caso será respondida por uma experiência. Essa busca de solução pode ser dividida basicamente em seis momentos:

Proposta do problema

O problema deve ser proposto na forma de uma pergunta que estimule a curiosidade científica dos estudantes. É importante também que essa questão não seja muito específica, de modo que possa gerar uma discussão bastante ampla.

A resposta a essa questão inicial será o objetivo principal do experimento. Por exemplo: "o que acontece com a temperatura da água enquanto nós a aquecemos? O que influi no aumento de temperatura?". Ou: "A partir das suas observações, como varia a velocidade da bolha de ar no tubo com água durante o movimento? Ou será que não varia? O que influi na sua velocidade?".

Levantamento de hipóteses

Proposto o problema, os alunos devem levantar hipóteses sobre a solução do problema por meio de uma discussão.

No exemplo citado anteriormente: A temperatura dá água aumenta; a temperatura aumenta até 100 ºC e depois pára de aumentar; a quantidade de água influi no aumento de temperatura; a quantidade de energia fornecida influi etc.

Elaboração do plano de trabalho

Levantadas as hipóteses, deve-se discutir como será realizado o experimento. Nessa etapa, que chamamos de plano de trabalho, será decidida a maneira como a experiência será realizada: desde o material necessário, passando pela montagem do arranjo experimental, coleta e análise de dados.

A discussão deve ser feita pelo professor com toda a turma para que se observe que nem todas as hipóteses podem ser testadas por meio da realização de um único experimento, portanto, há vantagem em se ter vários grupos para realizar "o mesmo" experimento, testando as diversas hipóteses levantadas, mediante mudanças controladas nos arranjos experimentais. Decididas quais serão essas mudanças, cada grupo deve detalhar seu plano de trabalho por escrito.

Montagem do arranjo experimental e coleta de dados

Esta é a etapa mais "prática" do laboratório: quando os alunos manipulam o material. Essa manipulação é extremamente importante para que eles se acostumem a ver a Física como uma ciência experimental.

Após a montagem do arranjo, devem passar à coleta de dados que deve ser feita de acordo com o plano de trabalho elaborado pelo grupo.

Nessa fase do trabalho, o professor percorre os grupos, verificando se todos estão montando o material como combinado, e se estão coletando os dados e anotando de forma organizada, para o trabalho posterior.

Essa fase também exige envolvimento no trabalho e possibilita a discussão da importância do cuidado na obtenção de dados, já que diferentes grupos podem estar testando diferentes hipóteses e, se não há compromisso, pode-se chegar a conclusões erradas.

Análise dos dados

Obtidos os dados, é necessário que estes sejam analisados para que possam fornecer informações sobre a questão-problema. Essa etapa inclui a construção de gráficos, obtenção de equações e teste das hipóteses. Pode ser feita usando papel milimetrado e reta média, ou usando o Excel, numa sala de informática. Essa é a parte do trabalho em que os alunos apresentam mais dificuldade, pois se trata da tradução gráfica ou algébrica dos resultados obtidos. Cabe ao professor mostrar que essa é a parte fundamental do trabalho científico, e que a linguagem matemática ajuda a generalização do trabalho.

Conclusão

Na conclusão, deve-se formalizar uma resposta ao problema inicial discutindo a validade (ou não) das hipóteses iniciais e as conseqüências delas derivadas.

Questões Abertas

Chamamos de questões abertas aquelas em que procuramos propor para os alunos fatos relacionados ao seu dia-a-dia, e cuja explicação estivesse ligada ao conceito discutido e construído nas aulas anteriores.

Percebemos sua importância no desenvolvimento da argumentação dos alunos e da sua redação, isto é, que atingia o desenvolvimento de competências, hoje requisitadas pelo Enem, como demonstrar o domínio da norma culta da língua portuguesa e do uso da linguagem científica; aplicar conceitos para a compreensão de fenômenos naturais, selecionar e organizar informações para enfrentar situações-problema; organizar informações e conhecimentos disponíveis em situações concretas, para a construção de argumentações consistentes.

As questões abertas podem ser respondidas em grupos pequenos, ou também podem ser propostas como desafio para a classe.

Por exemplo: "Em que situação podemos conseguir uma lata de refrigerante em menor temperatura: colocando-a em água a 0 °C ou colocando-a em gelo a 0 °C?".

As respostas podem ser recolhidas e corrigidas, caso se tenha o objetivo da parte escrita. Se não tiver esse objetivo claro na atividade, pode-se discutir as respostas, em grupo grande, com os alunos colocados em círculo, buscando que um complete a resposta do outro, e finalizando com o professor redigindo na lousa as idéias de cada aluno que conduzem à resposta certa.

É importante que haja sempre um registro escrito da resposta, de modo que o aluno vá organizando uma "memória" dos fatos e discussões da classe.

Questões abertas podem também ser colocadas em provas. Nesse caso, os alunos têm que pensar sozinhos e estabelecer ligações com os assuntos já tratados. O professor deve buscar entender a resposta dada pelo aluno, pois aparecem respostas que, apesar de erradas, revelam que o aluno conseguiu propor uma solução coerente para a situação nova, usando os conceitos já discutidos e aprendidos. O professor, quando discutir a correção da prova, deve mostrar em que e por que a resposta não está correta, salientando a solução proposta e sua coerência.

Problemas Abertos

Os problemas abertos são situações gerais apresentadas aos grupos ou à classe, nas quais se discute desde as condições de contorno até as possíveis soluções para a situação apresentada. De forma diferente das questões abertas, que abrangem apenas os conceitos, o problema aberto deve levar à matematização dos resultados.

Essa atividade é muito diferente da resolução de exercícios de lápis e papel, e a alteração do exercício de lápis e papel para problema tem sido objeto de muitas investigações científicas e tem encontrado dificuldades muito superiores à associação de práticas de laboratório com problemas científicos (Gil et al., 1999).

O que se chama normalmente de resolver problemas, em Física, é resolver exercícios.

> Na realidade, não se ensina a resolver problemas, quer dizer, a enfrentar-se com situações desconhecidas, ante as quais aquele que resolve se sente inicialmente perdido, mas sim que nós, professores, explicamos soluções que nos são perfeitamente conhecidas e que, evidentemente, não nos geram nenhum tipo de dúvida nem exigem tentativas. A pretensão do professor é que o estudante veja com clareza o caminho a seguir; dito com outras palavras, pretendemos converter o problema em um não-problema", (Gil et al. op. cit.).

A resolução de problemas abertos é uma atividade bastante demorada, por incluir diversos aspectos.

A situação problemática deve ser interessante para o aluno, e de preferência envolver a relação Ciência/Tecnologia/Sociedade. Os alunos vão enfrentar essa situação problemática aberta primeiro de uma forma qualitativa, buscando elaborar hipóteses, identificar situações de contorno e limites de suas hipóteses. Como não têm números definidos, os alunos são de certo modo obrigados a passar por essa fase, desenvolvendo sua criatividade, e a ordem de seu pensamento. Segundo Einsten:

> Nenhum cientista pensa com fórmulas. Antes que o cientista comece a calcular, deve ter em seu cérebro o desenvolvimento de seus raciocínios. Estes últimos, na maioria dos casos, podem ser expostos com palavras simples. Os cálculos e as fórmulas constituem o passo seguinte.

Por exemplo, o professor propõe o problema: "O que acontece com a temperatura do leite quando adicionamos café?"

Os alunos então discutem o problema, procurando o que influi no resultado, ou seja: quais as temperaturas do leite e do café? Vamos misturar quantidades iguais ou diferentes? Em que ambiente se dará o fato? O ambiente influi no resultado? A xícara usada influi? O professor deve então coordenar a discussão, sem responder às questões, para que determinem as condições de contorno, os limites de validade etc. No exemplo, podemos considerar que a mistura é rápida e o equilíbrio térmico é conseguido logo, o que diminui a influência do ambiente, ou será que vale a pena fazer a mistura em um recipiente isolado? Desse modo, o aluno expressa a estratégia de resolução, ou as possíveis estratégias, fundamentando sua argumentação, evitando o ensaio e o erro.

Após essa fase qualitativa, e elaborado o raciocínio, o aluno realiza a resolução, verbalizando o que faz, analisa os resultados obtidos, confrontando com as hipóteses e as condições de contorno estudadas.

Após determinar as condições de contorno, a discussão deve ser conduzida de modo que os alunos percebam que o que acontece é o equilíbrio térmico e que eles já sabem relacionar as quantidades de energia recebidas ou cedidas pelos materiais quando sua temperatura muda. Pode-se, então, buscar a resolução algébrica das equações. Como isso normalmente não satisfaz os alunos, pode-se então conduzi-los para criar um exemplo numérico, atribuindo valores às variáveis relevantes no problema: quanto de leite e de café será usado? Qual a temperatura inicial de cada um. E pedindo que resolvam as equações para o caso particular que estimaram. Nesse caso, também é importante discutir essa estimativa, o problema da sensação e da medida, e o fato de a solução algébrica conter todas as possíveis combinações de acordo com o "gosto" de cada um.

É importante que seja elaborado um registro escrito de todo o processo, pois assim buscamos que ocorra a real apropriação do conhecimento pelo aluno.

Dadas as atuais circunstâncias dos cursos de Física, a inclusão de um problema aberto no planejamento, apesar de contemplar muitos e importantes objetivos e o desenvolvimento de várias habilidades, deve ser pensado tendo em vista o número de aulas necessárias para seu completo desenvolvimento.

COMENTÁRIOS FINAIS

Podemos perceber que, no ensino por investigação, a tônica da resolução de problemas está na participação dos alunos e, para isso, o aluno deve sair de uma postura passiva e aprender a pensar, elaborando raciocínios, verbalizando, escrevendo, trocando idéias, justificando suas idéias.

Por outro lado, o professor deve conhecer bem o assunto para poder propor questões que levem o aluno a pensar, deve ter uma atitude ativa e aberta, estar sempre atento às respostas dos alunos, valorizando as respostas certas, questionando as erradas, sem excluir do processo o aluno que errou, e sem achar que a sua resposta é a melhor, nem a única.

REFERÊNCIAS BIBLIOGRÁFICAS

BACHELARD, G. *A formação do espírito científico:* contribuição para uma psicanálise do conhecimento. Rio de Janeiro: Contraponto. 1996.

BLOSSER, P. E. *O papel do laboratório no ensino de ciências.* Tradução M. A. Moreira. Cad. Cat. Ens. Física, 5 (2), p. 74-78, 1988.

CARRASCO, H. J. Experimento de laboratorio: un enfoque sistémico y problematizador. *Revista de Ensino de Física,* 13, p. 77-85, 1991.

CARVALHO, A. M. P. *Construção do conhecimento e ensino de ciências.* Em Aberto, Brasília, ano 11, nº 55, jul./ set. 1992.

CARVALHO, A. M. P. et al. El papel de las actividades en la construcción del conocimiento en clase. *Investigación en la Escuela,* (25), p. 60-70, 1995.

CARVALHO, A. M. P. et al. *Ciências no ensino fundamental:* o conhecimento físico. São Paulo: Scipione, 1998.

DUSCHL, R. La valorización de argumentaciones y explicaciones: promover estrategias de retroalimentación. *Enseñanza de las Ciencias,* 16 (1), p. 3-20, 1998.

GARRET, R. M. Resolución de problemas y creatividad: implicaciones para el currículo de ciencias. *Enseñanza de las Ciencias,* 6 (3), p. 224-230, 1988.

GIL, D. e TORREGROSA, J. M. *La resolución de problemas de física.* Madri: Mec, 1987.

GIL, D. e CASTRO V., P. La orientación de las prácticas de laboratorio como investigación: un ejemplo ilustrativo. *Enseñanza De Las Ciencias,* 14 (2), p. 155-163, 1996.

GIL, D. et al. Tiene sentido seguir distinguiendo entre aprendizaje de conceptos, resolución de problemas de lápiz y papel y realización de prácticas de laboratorio? *Enseãnza de las ciencias.* 17 (2), p. 213-314, 1999.

HODSON, D. In *Search of a Meaningful Relationship*: an exploration of some issues relating to integratin in science and science education. International Journal of Science Education. 14(5), p. 541-566, 1992.

LEWIN, A. M. F. e LOMÁSCOLO, T. M. M. La metodología científica en la construcción de conocimientos. *Enseñanza de las ciencias,* 20 (2), p. 147-1510, 1998.

MOREIRA, M. A. *Uma abordagem cognitivista ao ensino de física.* Porto Alegre: Editora da Universidade, 1983.

MOREIRA, M. A. e LEVANDOWSKI, C. E. *Diferentes abordagens ao ensino de laboratório.* Porto Alegre: Editora da Universidade, 1983.

CAPÍTULO 3

A Natureza do Conhecimento Científico e o Ensino de Ciências

Viviane Briccia do Nascimento

CONTEXTUALIZANDO NOSSA PESQUISA

Professores da escola pública, insatisfeitos com os resultados alcançados com os seus estudantes, passaram a se reunir na Universidade de São Paulo, com a orientação e apoio pedagógico da equipe do Laboratório de Pesquisa e Ensino de Física (LaPEF) e apoio financeiro da Fapesp. Esses professores tinham como objetivo desenvolver um projeto de pesquisa, analisando e refletindo sobre alguns elementos e estratégias de ensino que levassem os alunos a obterem melhores resultados na aprendizagem desse conteúdo.

A insatisfação colocada anteriormente é explicitada pelo grupo de professores em Carvalho et al. (1999):

> Como professores do ensino médio, estávamos insatisfeitos com os resultados obtidos em nossos cursos: alunos com dificuldades, que não entendiam a matéria, que não relacionavam com seu dia-a-dia, que procuravam apenas que fórmula usar para acertar o problema. Buscávamos um modo de, mudando nossa prática, atingir melhores resultados em relação à aprendizagem (p. 9).

Os elementos reunidos, analisados e desenvolvidos pelos professores desse grupo estruturaram inicialmente um curso de termodinâmica para o ensino médio, baseado nas seguintes atividades de ensino:

a) textos históricos, com a intenção de demonstrar que a Física, assim como todas as Ciências, desenvolveu-se relacionada às diferentes épocas e situações socioculturais e de que forma se deram as construções do conhecimento;
b) experiências de demonstração investigativa: demonstrações de experimentos e fenômenos envolvendo uma análise investigativa e histórica, fazendo com o que o aluno participe da elaboração do conceito em questão, a partir da investigação e da reflexão (Carvalho et al., 1999);
c) atividades de laboratório aberto: um tipo de laboratório em que o aluno participa ativamente em todas as etapas, desde a elaboração de hipóteses, plano de trabalho, até a elaboração da conclusão, junto com o professor;
d) questões e problemas abertos: são questões para discussão em grupo, em que novas situações são apresentadas e o grupo de alunos discute e apresenta suas respostas, sempre com base na teoria em questão;
e) vídeos e *softwares*: uso de novas tecnologias em sala de aula, procurando utilizar, nesses recursos, uma proposta investigativa, por meio de questões abertas, de discussões com toda a classe sobre os assuntos enfocados.

Todo esse ensino esteve idealizado na argumentação, na colocação de problemas, discussões e do trabalho do aluno como ser ativo no seu processo de aprendizagem. Era intenção dos professores, portanto, aproximar tal aprendizado de um processo de investigação.

A História da Ciência foi introduzida no curso elaborado pelo grupo com a intenção de que os estudantes que participassem desse curso pudessem compreender aspectos importantes sobre o conhecimento científico e, dessa maneira, construíssem uma visão mais realista sobre a natureza desse conhecimento. Entre os problemas de ensino encontrados por esses professores, era de conhecimento de todos que as concepções que os estudantes geralmente possuem ou constroem sobre a natureza do conhecimento científico são inadequadas, o que é indicado por um grande número de pesquisas na área de ensino de Ciências (Khalick e Lederman, 2000; Lederman, 1992; Gil-Pérez et al., 2001; Gil-Pérez, 1993). Para o grupo:

> Não queríamos que o nosso curso tratasse a ciência de uma maneira positivista, como é comumente ensinada nas escolas... procuramos em nossas discussões, na Universidade, e em nossas aulas, apresentar a ciência (neste caso, a Termodinâmica) como um processo em que o conhecimento científico é (em sala de aula) e foi (na história da ciência) socialmente construído (Carvalho et al., 1999).

A escolha pela História da Ciência se deu, portanto, baseada nesses argumentos. Esse grupo continua agindo em suas salas e também se reunindo na Faculdade de Educação a fim de analisar os resultados do seu trabalho em sala, isto é, buscar uma reflexão contínua sobre sua prática, além de aprimorar seus saberes, tanto pedagógicos como conceituais, metodológicos e integradores de sua área de atuação (Carvalho e Gil-Pérez, 2000).

Entretanto, quando nos referimos a uma construção de aspectos mais realistas sobre a natureza do conhecimento científico, ou ainda a uma alfabetização científica no sentido de se saber sobre a ciência, é necessário primeiramente que possamos responder a uma questão essencial: a que se referem as "concepções mais adequadas ou realistas a respeito da natureza da ciência?" Para respondermos tal questão, é necessário que possamos argumentar sobre quais são as concepções atuais da natureza da ciência e do trabalho científico.

Mediante uma investigação realizada para uma pesquisa de mestrado (Nascimento, 2003), fizemos uma análise de tais questões, tendo assim a intenção de apresentar aspectos que seriam importantes ser levados em consideração no ensino, para que estudantes de nível médio pudessem a partir de então construir uma visão fundamentada sobre a natureza da ciência.

Observamos nessa investigação que não há um consenso geral sobre o que é a ciência, ou ainda: "não há uma formulação 'fechada' para um conceito de ciência" (Borges, 1996 e Chalmers, 1993). A natureza do trabalho científico é um alvo de debates em que se manifestam divergências entre filósofos da ciência e também entre alguns autores que analisam tais filósofos.

No entanto, algumas características a respeito de tal conhecimento representam um consenso entre tais filósofos, sendo algumas delas: a ciência é uma construção histórica e humana, ou, ainda, um conhecimento aberto.

A CIÊNCIA E O ENSINO

Com base nos trabalhos de Gil-Pérez et al. (2001) e Nascimento (2003), podemos dizer que as características apresentadas a seguir são necessárias a um ensino que tenha como objetivo o saber sobre a ciência, ou ainda a construção de concepções mais fundamentadas acerca do conhecimento científico.

i. Não há um método científico fechado, o que vai contra uma visão rígida da ciência (Gil-Pérez, 1993), no qual se apresenta no ensino o "Método Científico" como um conjunto de etapas a se seguir mecanicamente.
ii. A construção do conhecimento científico é guiada por paradigmas que influenciam a observação e a interpretação de certo fenômeno (Borges, 1996; Gil-Pérez et al., 2001; Toulmin, 1977 e Kuhn, 2000), o que vai contra uma visão puramente empírico-indutivista e ateórica da ciência, em que a observação e a interpretação não são influenciadas por idéias apriorísticas (Gil-Pérez, 1993).
iii. O conhecimento científico é aberto, sujeito a mudanças e reformulações, e assim foi na história da ciência, portanto, a ciência é um produto histórico. Dessa forma, a maneira de se transmitir conhecimentos já elaborados, sem mostrar quais foram os problemas que geraram sua construção, sua evolução, as dificuldades (Gil-Pérez, 1993) é uma forma de criar uma concepção contrária a uma visão aberta da ciência.
iv. É um dos objetivos da ciência criar interações e relações entre teorias, o conhecimento não é construído pontualmente, o que descaracteriza uma visão analítica da ciência muito difundida entre os professores e estudantes, visão que ressalta a necessária parcialização dos estudos, esquecendo os esforços posteriores de unificação ou de construção de um corpo coerente de conhecimentos (Gil-Pérez, 1993).
v. O desenvolvimento da ciência está relacionado a aspectos sociais, políticos; as opções feitas pelos cientistas muitas vezes refletem seus interesses. A ciência, portanto, é humana, viva e, assim, uma interpretação do homem, que interpreta o mundo a partir do seu olhar. Dessa forma, é necessário que ela seja caracterizada como tal.

ALTERNATIVAS PARA O ENSINO – A HISTÓRIA DA CIÊNCIA

Uma questão importante a ser analisada é: Como chegar ao ensino dos aspectos apresentados anteriormente? Podemos nos remeter a pesquisas importantes na área de ensino de Ciências que nos mostram possíveis caminhos para que estudantes dessa disciplina possam construir concepções mais fundamentadas sobre a natureza do conhecimento científico. Trata-se de estratégias de ensino que se utilizem dessa natureza em discussões explícitas ou até mesmo implícitas.

Uma tentativa implícita refere-se a um rompimento com um ensino tradicional e, como conseqüência, um rompimento com uma ciência baseada na aplicação de fórmulas, leis prontas e inalteráveis (Krasilchick, 1987).

Alguns dos autores que realizaram estudos sobre as concepções dos estudantes apresentam o uso da história e filosofia da ciência como uma forma de trabalhar explicitamente com estudantes tais concepções.

Para Khalick e Lederman (2000), uma opção pelo uso da História é uma forma explícita de tratarmos sobre a epistemologia da ciência em sala de aula, e ainda aparece grandemente como uma alternativa para o ensino, que vise a uma construção de conceitos sobre o conhecimento científico; para os autores:

> Os programas devem continuar com tentativas (de melhorar as concepções dos estudantes). Elementos de história e filosofia da ciência e/ou instrução direta sobre a natureza da ciência são mais efetivos em alcançar este fim do que os que utilizam processos fechados ou não reflexivos de atividade.

A História da Ciência é, então, uma forma de apresentarmos aos estudantes uma ciência dinâmica e viva, discutindo a construção de determinado conhecimento desde sua gênese, até chegarmos à sua concepção atual, sem esquecer que esse mesmo conhecimento pode estar sujeito a alterações no futuro, concordando assim com a idéia de construção histórica do conhecimento científico, como colocado por Moreira e Ostermann (1993):

> A produção do conhecimento científico é uma construção... existem crises, rupturas, profundas remodelações dessas construções. Conhecimentos cientificamente aceitos hoje poderão ser ultrapassados amanhã. A ciência é viva.

A História evidencia os períodos em que ocorrem tais crises, rupturas, ou, ainda, períodos em que a ciência se desenvolve por acumulação, colocando, em ambos os casos, seu caráter "aberto", de evolução. É um erro ensinar ciência como se os produtos dela resultassem de uma metodologia rígida, fossem indubitavelmente verdadeiros e conseqüentemente definitivos, assim, pode-se aproximar a idéia de que a Ciência corresponde a uma verdade absoluta. Para Castro (1993):

> Encarar a ciência como produto acabado confere ao conhecimento científico uma falsa simplicidade que se revela cada vez mais como uma barrei-

ra a qualquer construção, uma vez que contribui para a formação de uma atitude ingênua ante a ciência. Ao encararmos os conteúdos de ciência como óbvios, as diversas redes de construção, edificadas para dar suporte a teorias sofisticadas, apresentam-se como algo natural e, portanto, de compreensão imediata.

Apresentam-se assim dessa maneira cada vez mais barreiras e resistências à compreensão da ciência, ou obstáculos epistemológicos, que se apresentam grandemente no pensamento de Bachelard (1996). Para o autor:

> A evolução das ciências é dificultada por obstáculos epistemológicos, entre os quais o senso comum, os dados perceptíveis, os resultados experimentais e a própria metodologia aceita como válida, assim como todos os conhecimentos acumulados. Para conseguir superá-los, são necessários atos epistemológicos: ruptura com os conhecimentos anteriores, seguidas por sua reestruturação (p. 28).

Os textos ou episódios da história da ciência podem ser apresentados contra algumas dessas barreiras, colocando os processos de construção do conhecimento científico de maneira mais clara, favorecendo, portanto, uma ruptura com o senso comum dos estudantes a respeito da construção da ciência.

Um exemplo geral e importante do uso da história da ciência está no fato de que esta história apresenta a Ciência como um produto humano e social, que tenta combater, assim, diversas visões descontextualizadas como a visão do tipo elitista, na qual os cientistas são tidos como minorias inatingíveis (Gil-Pérez, 1993).

Para Castro e Carvalho (1992), a história da ciência:

> Talvez seja um dos caminhos eficazes para a desmistificação da ciência enquanto "assunto vedado aos não iniciados" para a ruptura com uma metodologia própria ao senso comum e às concepções espontâneas e, para, finalmente, estabelecer uma ponte para as primeiras modificações conceituais.

Conhecer o passado histórico e a origem do conhecimento pode ser um fator motivante para os estudantes, pode fazer com que os estudantes percebam que a dúvida encontrada por eles para a aprendizagem de um conceito também foi encontrada, em outro momento histórico, por um cientista hoje reconhecido, ou seja, que suas dúvidas estiveram presentes em algum momento na construção de um conceito científico, assim como na sua própria construção. A história da ciência pode ser ainda um importante elemento para levantar discussões acerca do caráter humano na ciência e relacionar a construção da ciência com diversos contextos externos: sociais, políticos, pessoais.

Para Solbes e Traver (2001), a história da ciência pode fazer com que os estudantes:

i. conheçam melhor os aspectos da história da ciência, antes geralmente ignorados e, conseqüentemente, mostrar uma imagem da ciência mais completa e contextualizada;
ii. valorizem adequadamente processos internos do trabalho científico como: os problemas abordados, o papel da descoberta, a importância dos experimentos, o formalismo matemático e a evolução dos conhecimentos (crises, controvérsias e mudanças internas);
iii. valorizem adequadamente aspectos externos como: o caráter coletivo do trabalho científico, as implicações sociais da ciência.

Pois ela própria pode:

iv. apresentar uma imagem menos tópica da ciência e dos cientistas;
v. mostrar mais interesse ao estudo das Ciências;
vi. melhorar o clima da aula e a participação no processo de ensino aprendizagem;
vii. valorizar positivamente a utilização de aspectos de história da ciência em classes de Ciências, como forma de ajudar a aumentar seu interesse no estudo da mesma.

Gil-Pérez (1986) coloca que o ensino que tenha por objetivo a compreensão de aspectos da natureza da ciência está fundamentado na necessidade de mudanças, sejam elas no campo conceitual ou metodológico, dos próprios professores, para que então possa ser levado aos estudantes. O autor caracteriza essa mudança como uma inserção em um ensino denominado *ensino por investigação*.

O uso da história da ciência por meio de uma mudança metodológica é, então, uma proposta sólida para o ensino de aspectos da natureza da Ciência.

UMA PROPOSTA DE ENSINO

O grupo de professores que citamos na introdução deste capítulo possuía uma intencionalidade ao usar a história da ciência como alternativa para o seu projeto de ensino e também na proposta de ensino por investigação adotada pelo grupo. Como explicitado pelo grupo:

> Tínhamos a intenção de demonstrar que a física, assim como todas as ciências, desenvolveu-se relacionada às diferentes épocas e situações socioculturais e de que forma se deram as construções do conhecimento (Carvalho et al., 1999).

Dessa forma, os professores possuíam claramente, ao planejar seu ensino, os objetivos que pretendiam alcançar, fossem eles relacionados ao conteúdo inserido pela história, ou mesmo à contribuição da história e filosofia da ciência para tal ensino.

Além dos objetivos colocados anteriormente, para esse grupo, a história da ciência é colocada também como uma estratégia de ensino que envolve aspectos metodológicos. Ou seja, as aulas que envolviam a história da ciência possuíam o objetivo de aproximar-se de atividades de investigação, nas quais, a partir de um trabalho dialógico entre o texto e os estudantes, estabelecem-se a discussão, a argumentação sobre o texto, entre os estudantes e o professor (Carvalho et al., 1999), baseando-se:

- na apresentação de situações problemáticas abertas;
- no favorecimento da reflexão dos estudantes sobre a relevância e o possível interesse das situações propostas;
- na leitura e comentário crítico de textos científicos;
- na importância especial a memórias científicas que reflitam o trabalho realizado e possam ressaltar o papel da comunicação e do debate na atividade científica.

Tal postura, levando o trabalho de sala de aula a aproximar-se de uma proposta investigativa, está acompanhada de um trabalho de mudança em relação ao papel do professor. Para os professores do grupo:

> Privilegiou-se o trabalho em pequenos grupos, valorizando-se o diálogo e a socialização, proporcionando a oportunidade para que os estudantes explicassem e defendessem seus pontos de vista, estimulando a aprendiza-

gem. As reuniões semanais do projeto possibilitaram uma intensa troca de experiência entre os professores, a partir das quais estratégias eram discutidas e, muitas vezes, reformuladas, de forma a aprimorar o curso (p. 22).

Dessa forma, procuramos em nosso trabalho de investigação observar se tais estratégias de ensino, como as idealizadas por esse grupo de professores, foram importantes para que os estudantes construíssem concepções mais fundamentadas, ou ainda passassem a compreender aspectos mais realistas sobre a construção do conhecimento científico.

Assim, procuramos observar as contribuições da história e conseqüentemente da filosofia da ciência para o que chamamos inicialmente de uma alfabetização científica básica.

A PESQUISA

Passamos a investigar as aulas de um dos professores que participavam das interações com a Universidade, por adaptação de calendário escolar; a escola escolhida foi uma da periferia de São Paulo. Filmamos e recolhemos textos produzidos pelos estudantes de uma seqüência de aulas. A princípio, nossa opção pelo uso de aulas de História da Ciência para nossa pesquisa ainda não havia sido feita, porém, com a análise das filmagens, vimos que nessas aulas podíamos encontrar discussões explícitas sobre a filosofia da ciência.

Escolhemos apenas uma aula para análise, em que se utilizava um texto original de história da ciência, do livro *Source book on phisics* (Maggie, 1935 – p. 151-152 e 160-161).

O texto, apresentado aos estudantes após uma demonstração investigativa (Carvalho et al., 1999), é introduzido com a seguinte questão: como podemos explicar a propagação de calor que observamos na experiência de demonstração? A partir de então, é descrita a experiência de Rumford com a perfuração de canhões e suas dúvidas a respeito da natureza do calor, colocando questões como: "De onde vem o calor produzido na operação mencionada?"; identificando assim o conceito de calor existente na época, os problemas que geraram crises em relação a ele e uma posterior ruptura com esse conceito. Trata-se de um texto original sobre a história da ciência e que, portanto, se trata de uma opção diretamente relacionada com a filosofia da ciência (Peduzzi, 2001).

Após a discussão desses modelos, o professor retoma em aulas posteriores o modelo cinético molecular para a explicação do calor.

Usamos três tipos de dados para análise: (1) o texto original de Rumford; (2) a filmagem de um grupo de estudantes, e, em alguns momentos, a filmagem da interação do professor com toda a sala, do qual selecionamos momentos da aula ou episódios de ensino (Carvalho, 1996); e (3) os relatos escritos pelos estudantes sobre questões apresentadas após a leitura do texto.

O QUE NOS DIZ A SALA DE AULA

A Ciência como Atividade Humana

No texto histórico citado a seguir, Rumford apresenta alguns de seus interesses ao trabalhar com a perfuração de canhões e o que o levou a trabalhar com o conceito de calor expondo que sua curiosidade a respeito de tal conceito surge a partir do envolvimento com seu trabalho. O trecho extraído do texto nos dá evidências de tais interesses:

> Estando recentemente encarregado da superintendência de perfuração de canhões, numa oficina de arsenal militar em Munique, fiquei impressionado com o considerável grau de calor que uma peça metálica adquire, em pequeno tempo, sendo perfurada; e com o calor até mais intenso (maior que o da água fervente como comprovei pela experiência) das lascas metálicas originadas pela perfuração.
>
> Quanto mais eu pensava nestes fenômenos mais eles pareciam ser para mim curiosos e interessantes. Uma completa investigação deles parecia, ao mesmo tempo, oferecer uma satisfatória interpretação para a natureza oculta do calor e nos tornar capazes de tecer algumas conjecturas razoáveis em relação à existência ou não de um fluido ígneo: um assunto que há muito tem dividido a opinião dos filósofos. (...)

Após a leitura do texto pelos estudantes, alguns aspectos são ressaltados em sala de aula, inicialmente na fala do professor, em relação ao trabalho de Rumford. O professor questiona seus estudantes sobre esse trabalho, pelas falas representadas a seguir:

Professor: "Pessoal, o que é que o Rumford fazia? Trabalhava onde?"

Neste momento, vários estudantes respondem às questões colocadas pelo professor. Um dos alunos responde:

Aluno 3: "Perfuração de canhões".

A partir desse momento, o professor (P) estabelece questões em que relaciona o trabalho de Rumford a suas observações.

P: "E aí, o que foi que ele viu? O que ele achou curioso nesse trabalho?"
Aluno 2: "Que o trabalho da produção de calor..."
Aluno 2: "Que com altas temperaturas, era possível tirar lascas do canhão..."
Aluno 3: "Ele ficou impressionado que uma peça assim de metal adquire mais calor do que..."
Aluno 4: "Que o metal se aquecia... é... é que a temperatura aumentava [gesticulando]..."

Nos diálogos apresentados anteriormente, os estudantes explicitam alguns dos interesses que se apresentam por trás do conhecimento científico, relacionando-o ao trabalho do próprio cientista: a perfuração de canhões e, a partir deste trabalho, as dúvidas e questionamentos vêm surgindo.

A ciência apresentada pelo texto e reconhecida pelos estudantes em suas falas está vinculada aos interesses pessoais do próprio cientista (Matthews, 1994), ressalta o papel do inesperado, da dúvida e da criatividade (Gil-Pérez, 1993 e 2001), fugindo assim de uma ciência baseada em um método rígido ou um conjunto de etapas baseadas em um controle quantitativo rigoroso.

A maneira de professor e alunos apresentarem o conhecimento científico em suas falas está inserida em um contexto que pode levar ao alcance de um objetivo maior: apresentar a ciência como uma atividade humana. Descaracterizando assim uma visão elitista, inacessível ou ainda uma imagem individualista do próprio cientista, que são visões de senso comum, em que o cientista aparece como um gênio isolado cujo único interesse é a ciência (Gil-Pérez, 1993 e Matthews, 1994).

Temos ainda algumas evidências desse reconhecimento da ciência em seu aspecto humano, nos textos preparados pelos estudantes, como respostas às questões referentes ao texto. Selecionamos alguns trechos nos quais aparecem tais evidências em relação a uma questão colocada juntamente com o texto corrente: como o trabalho com os canhões auxiliou Rumford a discordar do modelo do calórico?

> Com a perfuração dos canhões Rumford começou a observar o calor que continham as lascas de metal que saíam na perfuração e formulou uma tese de que aquele processo não poderia ser um calórico, porque o modelo calórico é uma substância quente que passa para mais fria, no metal utilizado ambos eram frios.
> Vendo a furadeira perfurando o canhão surgiu a dúvida: de onde vinha o calor produzido? Assim ele começou a duvidar da teoria do calórico. Já que tanto o canhão como a broca estavam a temperatura ambiente.
> Encarregado da superintendência de perfuração de canhões, ele ficou impressionado com o considerável grau de calor que uma peça metálica adquire em pequeno tempo, sendo perfurada; e com o calor até mais intenso (maior do que da água fervente como comprovou pela experiência) das lascas metálicas originadas pela perfuração.
> Através da experiência utilizada com as lascas obtidas pela perfuração de canhões. O modelo calórico é quando um corpo com maior temperatura passa para o de menor temperatura. No caso da perfuração as peças eram frias.

Como evidenciado nos trechos apresentados anteriormente, os alunos expõem em seus relatos novamente uma relação entre o trabalho de Rumford e suas observações, ficando explícita a dimensão humana do trabalho desse autor, conforme já analisado também nas falas dos estudantes. Esse processo de escrita evidencia que os estudantes focalizaram pontos importantes do texto.

Sobre o Caráter Provisório do Conhecimento Científico

O texto de Rumford apresenta, acima de tudo, um questionamento sobre o modelo de calor que se tem na época. O próprio título do texto: Calor: Substância? nos remete a esse questionamento, apresentando assim o caráter provisório do conhecimento científico. Rumford expõe suas dúvidas sobre a natureza do calor, explicitando que o modelo de calor como substância não é mais suficiente para explicar as observações por ele realizadas com a perfuração de canhões. A seguir, transcrevemos alguns trechos do texto original, em que tais dúvidas são ressaltadas:

> ... fiquei impressionado com o considerável grau de calor que uma peça metálica adquire, em pequeno tempo, sendo perfurada... .
> Quanto mais eu pensava nestes fenômenos mais eles pareciam ser para mim curiosos e interessantes. Uma completa investigação deles parecia, ao

mesmo tempo, oferecer uma satisfatória interpretação para a natureza oculta do calor e nos tornar capazes de tecer algumas conjecturas razoáveis em relação à existência ou não de um fluido ígneo: um assunto que há muito tem dividido a opinião dos filósofos. (...)
Não devemos esquecer de considerar esta mais remarcável circunstância, na qual a fonte de calor gerada por fricção parecia evidentemente inexaurível.
É forçosamente necessário admitir que o que um corpo isolado ou sistema de corpos podia produzir de modo contínuo, sem limitação, não podia ser substância material e parece-me extremamente difícil, senão impossível, imaginar algo capaz de ser produzido ou comunicado da forma como o calor o foi nestes experimentos, exceto se ele for movimento.

Rumford ainda expõe uma nova idéia sobre o calor, que posteriormente será base para a Teoria Cinético Molecular: para o autor o calor deve ser uma espécie de movimento. Em suas falas, os estudantes também reconhecem a crise apresentada pelo próprio cientista em sua escrita.

No momento descrito a seguir, o professor está diante de toda a sala, discutindo as questões apresentadas no texto; ele, então, remete os estudantes novamente ao texto:

P: "As lascas que saíam da perfuração do metal saíam aquecidas, e aí ele começa a questionar a idéia que ele tem de calor, se, na época, o que se pensava sobre calor está correto ou não. Então. Quais dúvidas... quais as questões que ele levanta?"
Aluno 1: "...E se existe algo que possa ser chamado de calórico, que possa ser, que pudesse ser chamado..."
Aluno 2: "Ele tinha idéia de que o calor era uma..."

Sobre a mesma questão, pudemos observar entre o grupo de alunos o seguinte diálogo:

Aluno 1: "É... Pode o calor ser gerado por..."
Aluno 3 [interrompe a fala do Aluno 1, enfaticamente]: "O calor é uma substância? Coloca aí. E o que é o calor... já é o que é o calor, ele queria saber o que é o calor".
Aluno 1: "Ele pensava que o calor era uma substância, ele queria saber o que é o calor, porque ele descobriu que o calor não é uma substância".
Aluno 3: "Coloca aí, o calor é uma substância?"
Aluno 3: "É uma substância?"
Aluno 2: "O calor é uma substância?"

O aluno 1 apresenta que a opção de Rumford, até então aceita, já não é mais suficiente para explicar suas observações, deixando ainda claro em sua fala que Rumford rompe com a idéia de calor como substância.

Aluno 1: "... ele descobriu que o calor não é uma substância".

Na seqüência de sua fala, o aluno retoma a questão, expondo os motivos que levam Rumford a discordar do modelo do calórico, enfatizando novamente uma idéia de ruptura:

Aluno 1: "As dúvidas que ele teve e a dúvida de como o trabalho dele mostra, o leva a discordar... é que se o calor é uma substância, porque ele pode ser gerado por corpos frios, através do atrito. E não precisa de um material quente para existir..."

O enfoque nas dúvidas de Rumford leva ao início de um questionamento sobre a formulação de um novo modelo para a natureza do calor, deixando explícita a ciência como viva, dinâmica (Moreira e Ostermann, 1993), relacionada a crises e rupturas.

Algumas evidências do reconhecimento da ruptura de modelos são encontradas nos relatos escritos dos alunos sobre a questão mencionada: Quais as dúvidas de Rumford a respeito da natureza do calor? Sendo alguns deles:

> Rumford tinha o conceito de que o corpo com maior temperatura transmitia sua temperatura para um corpo de menor temperatura, só que ele observando a perfuração do canhão veio a dúvida.
> O calor é uma substância? Ele queria saber o que era o calor.

Visão Histórica e Problemática da Ciência

O aspecto histórico e problemático do conhecimento científico também é apresentado por Rumford em sua escrita. A própria contextualização do cientista (descrevendo que sua observação foi dada a partir da perfuração de canhões) também se refere a uma contextualização histórica e social. Rumford ainda apresenta algumas evidências que o levaram a discordar do modelo do calórico, também enfatizando assim a construção histórica do conhecimento, ressaltando suas dúvidas e também o papel da investigação, em momentos posteriores para a elaboração de uma nova explicação para o calor. Do texto:

> O que é o calor? Há alguma coisa como um fluido ígneo? Há algo que possa ser propriamente chamado de calórico?.

De onde vem o calor que é continuamente liberado desta maneira nos experimentos precedentes? Foi ele fornecido por pequenas partículas do metal, arrancadas da massa sólida que foi atritada? Este, como já vimos, não pode ter sido o caso.

Foi ele fornecido pelo ar? Isto não pode ser, uma vez que em três dos experimentos o maquinário esteve imerso em água e o acesso do ar atmosférico foi completamente evitado.

Foi ele fornecido pela água que envolve o maquinário? Que isto não pode ser é evidente. Primeiro, porque esta água estava recebendo continuamente calor e não poderia dar calor a um corpo ao mesmo tempo em que o recebe dele. Segundo, porque não houve nenhuma decomposição química (o que não seria razoável esperar). Se houvesse, um de seus componentes elásticos (mais provavelmente o ar inflamável) deveria ao mesmo tempo ter sido posto em liberdade e, escapando para a atmosfera, teria sido detectado. Embora eu tivesse examinado freqüentemente a água para ver se alguma borbulha de ar subia através dela e tivesse igualmente preparado para pegá-las e examiná-las se alguma surgisse, não pude perceber nada: não havia sinal de decomposição de qualquer tipo, nem outro processo químico ocorreu na água (...).

Na sala de aula, observamos que os estudantes passam a falar sobre as dúvidas de Rumford a respeito da natureza do calor, como já apresentado em análises posteriores. Inicialmente, com o professor direcionado a toda sala, ocorre a seguinte interação:

P: "Qual era a idéia de calor que o Rumford tinha?"
Aluno 3: "Idéia?"
P: "Como ele imaginava que era o calor?"
Aluno 1: "Alguma coisa quente..."
Aluno 3: "Isso é lógico".
Aluno 1: "Alguma coisa que já era quente, não podia transformar o calor, não existia o fazer calor, já tinha que estar ali, calor era algo que já existia, que já era quente".
P: [concordando com a cabeça] "Só conhecia o calor que pudesse ser aí, transmitido de algo, de um corpo já aquecido para um outro frio. Imaginava-se em sua época o calor como uma substância. Algo que **está** [enfatizando] num corpo de maior temperatura e que, quando em contato com um corpo de menor temperatura, passava de um corpo quente para um outro frio. E aí, o espanto dele ao furar canhões. Quando ele vai furar canhões, o bloco do canhão está frio, a broca está fria... Já usaram furadeira?"

Após uma discussão sobre o funcionamento e o uso da furadeira, relacionada com o cotidiano dos estudantes, o professor questiona novamente os alunos sobre as dúvidas colocadas por Rumford.

Aluno 3: "De onde vem o calor... produzido na operação? [gesticulando com as mãos]. O que é o calor de onde o calor é gerado? e... É porque ele queria saber de onde vinha..."

Nessa fala, o aluno 3 apresenta algumas dúvidas existentes sobre o conhecimento científico da época; ao colocar que Rumford "queria saber de onde vinha", representa a ciência como uma construção sistemática de conhecimentos, elaborada ao longo da história (Solbes e Traver, 2001), por meio do reconhecimento dos problemas que geraram a construção do conhecimento (Gil-Pérez, 1993). Há nessa fala um rompimento com a apresentação de uma ciência 'a-problemática' e 'a-histórica', em que os conhecimentos são colocados como por si só já construídos, o homem apenas os descobre (Désautels e Larochelle, 1998).

A própria elaboração de uma nova explicação para o modelo de calor, baseada em uma investigação sistemática, levantando hipóteses, testando variáveis, está relacionada a uma forma problemática de se encarar a construção do conhecimento científico. Isso é ressaltado no texto quando Rumford apresenta uma investigação sobre o experimento realizando-o embaixo d'água, no ar e, a partir de então, elaborando outras hipóteses sobre o calor. O que também parte contra um pensamento de senso comum, no qual as leis científicas são leis eternas, imutáveis e conhecidas diretamente através da observação (Désautels e Larochelle, 1998).

O professor procura levantar tais questões quando o próximo do grupo filmado questiona os estudantes sobre o que Rumford realizou em seus experimentos. Após o professor se retirar do grupo, ocorre o seguinte diálogo entre os estudantes:

Aluno 1: "O professor falou do que ele fez, qual foi a experiência dele... que ele fez no trabalho..."
Aluno 3: "O que que ele usou pra fazer?"
Aluno 1: "É, aquilo que eu falei agora, que ele... como ele trabalhava com canhão, tal... a fricção... ele tava fora, ele pensava que... ele viu que os dois materiais estavam frios, o canhão tava frio, a broca tava fria, então ele falou, vou pôr embaixo d'água, porque pode ser o ar que está esquentando, e ele colocou embaixo d'água, daí ele fez embaixo d'água, entendeu?"

Aluno 1: "Como é que ele chegou a essa conclusão de que é o atrito..."
Aluno 3: "Se vinha do ar ou do metal?"
Aluno 1: "É, ele queria saber se vinha do ar ou do metal, daí ele colocou embaixo da água".

Encontramos evidências do aspecto histórico e problemático do conhecimento científico nos trabalhos escritos dos estudantes quando questionados diretamente sobre as dúvidas do cientista.

> A sua dúvida sobre o calor era, como em pouco tempo o metal produzia tanto calor, mesmo ele sendo perfurado. E de onde vem esse calor? Foi ele fornecido por pequenas partículas do metal, arrancadas da massa sólida que foi atritada.
> Rumford tinha o conceito de que o corpo com maior temperatura transmitia sua temperatura para um corpo de menor temperatura, só que ele observando a perfuração do canhão veio a dúvida: De onde vinha o calor, já que os dois corpos tinham a mesma temperatura? A segunda dúvida principal: o que é o calor?
> O que fazia com que uma peça metálica adquirisse calor em pequeno tempo sendo perfurada? De onde vinha este calor? O que é calor? Há alguma coisa como um fluido ígneo? Foi ele fornecido pelo ar? Foi ele fornecido pela água que envolve o maquinário? A dúvida dele era como existia o calor por que o metal ficava quente ao ser perfurado.
> Qual a dúvida que pairava sobre Rumford a respeito da natureza do calor? De onde vem o calor produzido na operação acima mencionada? O que é o calor? Há alguma coisa como um fluido ígneo? Há algo que possa ser apropriadamente chamado de calórico?

Com os textos anteriores, percebemos que os estudantes reconhecem aspectos relacionados ao caráter de construção histórica do conhecimento científico, mencionando as dúvidas que pairavam sobre Rumford a respeito da natureza do calor, o que caracteriza também o aspecto problemático desse conhecimento.

REFLEXÕES SOBRE OS EPISÓDIOS DE ENSINO APRESENTADOS

As análises dos episódios de ensino nos apresentaram evidências de que o uso do texto histórico valoriza o ensino e a aprendizagem de aspectos que caracterizamos como componentes básicos da alfabetização científica.

O texto trabalha com aspectos importantes da história da ciência, conforme apresentamos anteriormente, sendo eles:

1. A ciência como atividade humana, ressaltando quais os interesses, os aspectos sociais e as dúvidas presentes na construção do conhecimento, as relações entre Ciência, Tecnologia e Sociedade (Flores, 2000; PCN, 2002; Moreira e Ostermann, 1993; Borges, 1996; Driver e Newton, 1997; Carvalho et al., 1999 e Vannucchi, 1996).

Os episódios de ensino apresentados nos mostram que as dúvidas que se colocam para Rumford estão totalmente relacionadas ao seu trabalho na superintendência de canhões e que, a partir desse trabalho, aparece uma necessidade de repensar sobre o conceito de calor na época, enfatizando o aspecto humano da ciência. O desenvolvimento da ciência está então relacionado a aspectos sociais, políticos, em que a opção feita pelo cientista reflete seus interesses.

Nesse momento, pudemos verificar ainda que o texto histórico apresenta uma ciência não fechada, isto é, não baseada em um método científico rígido.

2. O caráter provisório do conhecimento científico, reconhecendo a existência de crises importantes e remodelações profundas na evolução histórica dos conhecimentos científicos, as limitações dos conhecimentos atuais e as perspectivas abertas. (Chalmers, 1993; Borges, 1996; Flores, 2000; Driver e Newton, 1997; Moreira e Ostermann, 1993 e PCN, 2000).

Tal característica também é abordada pelo texto, assim como na fala e nos relatos escritos dos estudantes. Ela se coloca contra uma visão fechada da ciência, em que os conhecimentos são apresentados como "verdadeiros" e como fruto de um crescimento linear, no qual se ignoram as crises, as remodelações profundas (Gil-Pérez, 1993), ou, ainda, apresenta a ciência. O conhecimento científico é colocado como aberto, sujeito a mudanças e reformulações, e assim foi na história da ciência.

3. Visão histórica e problemática da ciência e da construção do conhecimento, colocando quais os problemas que geraram a construção do conhecimento, as dificuldades, contextualizando-os historicamente (Gil-Pérez, 1993), apresentando melhor os aspectos da História da Ciência, antes completamente ignorados, mostrando assim uma imagem mais completa e contextualizada da ciência (Solbes e Traver, 2001).

CAP. 3 – A NATUREZA DO CONHECIMENTO CIENTÍFICO E O ENSINO DE CIÊNCIAS

O texto apresenta o lado histórico da ciência, pois a coloca como algo vivo, dinâmico, sujeito a questionamentos e que, assim, é construída historicamente. É ainda ressaltado o papel das hipóteses na construção do conhecimento.

Castro (1993) expõe que:

> Quando o aluno discute de onde veio tal idéia, como ela evoluiu até chegar onde está, ou mesmo questiona os caminhos que geraram esta evolução, de certa forma, ele nos dá indícios de que reconhece tais conceitos como objeto de construção e não como conhecimentos revelados ou meramente passíveis de transmissão. Buscar razões, pois, parece indicar um comprometimento maior com o que se estuda e se, além disso, o aluno argumenta, baseando-se em informações históricas (busca o respaldo para o que diz na fala das 'autoridades') além de estar usando a analogia, ferramenta extremamente útil no estudo das ciências, ele está se reconhecendo também como sujeito construtor de saber.

Podemos, baseados na argumentação apresentada, afirmar que os episódios de ensino aqui analisados nos fornecem indícios de que os alunos reconhecem alguns dos caminhos que geraram a evolução do conceito, nesse caso do conceito de calor, e as próprias características do conhecimento científico, que estão expostas em sua fala e há pouco explicitadas.

Há ainda indícios de que eles se encontram envolvidos, com um comprometimento maior, com os conceitos quando buscam formas de explicações para as questões colocadas pelo professor, pois vemos nas falas apresentadas que, mesmo longe da figura do professor, os estudantes continuam a se colocar sobre o problema a ser resolvido.

Nesse momento do aprendizado, os alunos ainda não apresentam uma linguagem física correta para explicar os fenômenos térmicos, porém é importante ressaltarmos que esse é um objetivo proposto para outras aulas e outras etapas do curso do qual eles estão participando.

Ficou clara a mudança que encontramos em todos esses episódios em relação ao papel do professor em sala de aula: eles fazem parte de um trabalho de investigação, no qual foi ressaltado o favorecimento da reflexão dos estudantes sobre o texto e também sobre as questões propostas com base na leitura e comentário crítico do mesmo.

Dessa forma, a figura do professor aparece como mediadora, seja para formular questões que conduzam a discussão aos pontos considerados importantes, ou ainda para encaminhar a discussão para aspectos do cotidiano dos alunos, procurando assim falar *com* estudantes e não *aos* estudantes. Muda-se, portanto, o referencial, tirando o conhecimento como algo que vem do professor, que é assim detentor absoluto desse conhecimento (geralmente uma ciência absoluta, inquestionável), e coloca-se o conhecimento como algo que pode ser construído pelos estudantes.

Podemos observar nos relatos e na transcrição das aulas que o trabalho em grupo é gerador de discussões, as quais são importantes no processo de socialização dos estudantes; temos nesses episódios oportunidades de conversação e de argumentação que, segundo diversas pesquisas, auxiliam os procedimentos de raciocínio e habilidade dos alunos para compreenderem os temas propostos (Carvalho et al., 1999).

Ao trabalhar com as atividades em grupo, em que os alunos são levados a falar uns com os outros, trabalhar em equipe, estamos nos aproximando dos objetivos do ensino expostos por Sacristán (1991), que:

> Na escola se ensinem e aprendam outras coisas consideradas tanto ou mais importantes que os fatos e conceitos, como, por exemplo, determinadas estratégias ou habilidades para resolver problemas, selecionar novas ou inesperadas; ou, também, saber trabalhar em equipe, mostrar-se solidário com os companheiros, respeitar e valorizar o trabalho dos demais.

Há, nessa aula, uma visualização de objetivos maiores no ensino relacionado não somente a conteúdos específicos, mas também aos aspectos educativos discutidos anteriormente neste trabalho.

O trabalho com este texto nos trouxe a oportunidade de discussões epistemológicas e também de mudanças atitudinais e metodológicas em sala. Outros textos podem ainda trabalhar outros aspectos do conhecimento científico que neste não foram trabalhados.

Se procurarmos caminhos para um ensino de aspectos mais adequados sobre a natureza do conhecimento científico, temos que a história da ciência, quando colocada em uma perspectiva investigativa, torna-se, sem dúvida, um deles.

REFERÊNCIAS BIBLIOGRÁFICAS

BACHELARD, G. *A formação do espírito científico:* uma contribuição para a psicanálise do conhecimento. Rio de Janeiro: Contraponto, 1996.

BORGES, M. R. R. *Em debate:* cientificidade e educação em Ciências. Porto Alegre: SE/Cecirs, 1996.

BRASIL. Secretaria de Educação Média e Tecnológica. *Parâmetros Curriculares Nacionais*: ensino médio/Ministério da Educação, Secretaria de Educação Média e Tecnológica – Brasília: MEC, SEMTEC, 2002.

CARVALHO, A. M. P. O uso do vídeo na tomada de dados: pesquisando o desenvolvimento do ensino em sala de aula. *Pró-posições*. v. 7, nº 1 (19), p. 5-13, mar. 1996.

CARVALHO, A. M. P e GIL-PÉREZ, D. O saber e saber fazer dos professores. In: CASTRO A. D.; CARVALHO, A. M. P. *Ensinar a ensinar:* didática para a escola fundamental e média. São Paulo: Pioneira Thomson Learning, 2000.

CARVALHO, A. M. P. et al. *Termodinâmica:* um ensino por investigação. São Paulo: FEUSP, 1999.

CASTRO, R. S. *História e epistemologia da ciência:* investigando suas contribuições num curso de Física de segundo grau. 1993. Dissertação (Mestrado), São Paulo, 1993.

CASTRO, R. S. e CARVALHO, A. M. P. História da ciência: investigando como usá-la num curso de segundo grau. *Cadernos Catarinenses de Ensino de Física*, Florianópolis, v. 9, nº 3, p. 225-37, 1992.

CHALMERS, A. F. *O que é ciência, afinal?* São Paulo: Brasiliense, 1993.

DÉSAUTELS, J. e LAROCHELLE, M. The epistemology of sudents: the 'thingified' nature of scientific knowledge. International Handbook of Science Education, *Kluwer Academic Publishers,* p. 115-126, 1998.

DRIVER, R. e NEWTON, P. Estabelecendo normas de argumentação científica em sala de aula. Conferência Esera, Roma, set. 1997.

FLORES, F. et al. Transforming science and learning concepts of physics teachers. *International Journal of Science Education*, v. 22, nº 2, p. 197-208, 2000.

GIL-PÉREZ, D. Contribuición de la historia y de la filosofía de las Ciencias al desarrolo de un modelo de enseñanza/aprendizaje como investigación. *Enseñanza de las Ciencias*, 11 (2), p. 197-212, 1993.

_____. La metodología científica y la enseñanza de las ciencias. Unas relaciones controvertidas. *Enseñanza de las Ciencias*, 4 (2), p. 111-121, 1986.

GIL-PÉREZ. D. et al. Para uma imagem não deformada do trabalho científico. *Ciência e Educação*, v. 7, n. 2, p. 125-153, 2001.

HARRES, J. B. S. Uma revisão das pesquisas de professores sobre a natureza da ciência e suas implicações para o ensino. *Investigações em ensino de Ciências.* v. 4. n. 3. dez. 1999.

KHALICK, A. e LEDERMAN, N. G. Improving science teachers' conceptions of nature of science: a critical review of the literature. *International Journal of Science Education*, v. 22, nº 7, p. 665-701, 2000.

KHALICK, F.; BELL, R. L., e LEDERMAN, N. G. The nature of science and instructional practice: making the unnatural natural. *Science Education,* 82, p. 417-436, 1998.

KRASILCHICK, M. *O professor e o currículo de ciências.* São Paulo: EPU/Edusp, 1987.

KUHN, T. S. *A estrutura das revoluções científicas.* São Paulo: Perspectiva, 2000.

LEDERMAN, N. G. Students and teachers conceptions of de nature of science: a review of the research. *Journal of Research in Science Teaching*, v. 29, nº 4, pp. 331-359, 1992.

MAGIE, W. F. *A source book on physics.* New York and London: McGraw-Hill Book Company, 1935.

MATTHEWS, M. R. *Science teaching:* the role of history and philosophy of science. New York: Routledge, 1994.

MOREIRA, M. A. e OSTERMANN, F. Sobre o ensino do método científico. *Caderno Catarinense de Ensino de Física,* v. 10, n. 2, p. 106-117, 1993.

NASCIMENTO, V. B. Visões de Ciências e Ensino por Investigação. Dissertação de Mestrado, Faculdade de Educação, USP, 2003.

PEDUZZI, L. O. Q. Sobre a utilização didática da história da ciência. In: PIETROCOLA, Maurício (Org.). *Ensino de física:* conteúdo, metodologia e epistemologia numa concepção integradora. Florianópolis: Ed. da UFSC, 2001.

SACRISTÁN, J. G. Consciência e ação sobre a prática como libertação profissional dos professores. In: NÓVOA, Antonio (Org.). *Profissão professor.* Porto: Porto Editora, 1991. p. 61-92.

SOLBES, J. e TRAVER, M. Resultados obtenidos introduciendo historia de la ciencia en las clases de física y química: mejora de la imagen de la ciencia y desarrollo de actitudes positivas. *Enseñanza de las Ciencias,* 19 (1), p. 151-162, 2001.

TOULMIN, S. T. *La compreensión humana.* Madrid: Alianza Editorial, 1977.

VANNUCCHI, A. I. *História e filosofia da ciência:* da teoria para a sala de aula. 1996. Dissertação (Mestrado) — Instituto de Física e Faculdade de Educação, Universidade de São Paulo, São Paulo.

CAPÍTULO 4

ARGUMENTAÇÃO NUMA AULA DE FÍSICA

Maria Cândida de Morais Cappechi

As interações discursivas em sala de aula têm sido objeto de muitas pesquisas sobre ensino/aprendizagem de Ciências. A partir de uma perspectiva sociocultural, o professor tem o papel de mediador entre a cultura científica, que ele representa, e a cultura do cotidiano, representada pelos estudantes, no plano social da sala de aula. Assim, a aprendizagem de Ciências pode ser considerada como uma espécie de enculturação (Mortimer, 2000), em que os estudantes entram em contato com uma forma especial de observar, analisar e representar os fenômenos da natureza, a cultura científica, de maneira que possam compreender as vantagens e as limitações dessa área de conhecimento.

A abordagem da aprendizagem como enculturação reforça o papel das interações discursivas em sala de aula como instrumentos mediadores entre as culturas científica e do cotidiano. Scott e Mortimer (2000) referem-se ao conceito de linguagens sociais desenvolvido por Bakhtin para explicar essas interações nas aulas de Ciências. Segundo o filólogo, linguagens sociais correspondem a estratificações da língua baseadas na divisão dos grupos sociais. Dessa forma, os autores afirmam que nas aulas de Ciências ao menos duas linguagens sociais podem ser identificadas, a linguagem "científica" e a linguagem do cotidiano. Considerando que cada uma dessas linguagens apresenta aspectos dos extratos sociais aos quais pertencem, aprender Ciências envolve aprender também a expressar-se em uma nova linguagem social.

O espaço para discussões alunos–alunos e alunos–professor em sala de aula tem, portanto, o importante papel de proporcionar tanto a identificação das idéias dos alunos a respeito do fenômeno a ser estudado, quanto uma oportunidade para que estes ensaiem o emprego da linguagem científica escolar. E é por meio dessa oportunidade que os estudantes podem ir adquirindo desenvoltura dentro dessa área de conhecimento, bem como experimentar e ponderar as vantagens de sua utilização em contextos adequados.

Nesse ponto, é importante ressaltar que há uma diferença entre linguagem científica e linguagem científica escolar, que, mais uma vez, pode ser explicada pelo conceito de linguagens sociais de Bakhtin. A linguagem científica sofre transformações para adequar-se ao contexto da sala de aula e, nesse processo, algumas características da cultura científica são mantidas e outras não. Esse é um aspecto essencial a ser considerado quando nos referimos à visão de Ciência veiculada no sistema escolar. Afinal, ao lado de outros meios de interação envolvidos nas diferentes atividades realizadas em aulas de Ciências (Kress et al., 2001), a linguagem empregada nas mesmas contribui para a formação da idéia do que é ciência por parte dos alunos. Osborne et al. (2001) chamam a atenção para o fato de que a ciência escolar geralmente apresenta argumentos baseados em autoridade mais do que em justificativas, ignorando aspectos da argumentação científica. Esse fenômeno costuma acontecer nos meios de comunicação em geral, em que a Ciência é normalmente empregada como instrumento de validação de afirmações com base em sua autoridade e não em justificativas ou evidências. E é nesse ponto que consideramos importante o desenvolvimento de atividades em sala de aula que envolvam argumentação.

Quando nos referimos à argumentação nas aulas de ciências, estamos interessados nas intervenções dos alunos durante discussões visando à construção de explicações coletivas para determinados fenômenos e não em meros jogos de competição oratória desprovida de conteúdo. Nossa interpretação para esse argumento é muito semelhante à definição apresentada por Krummheuer (1995 apud Driver et al., 1999), em que este é considerado como o esclarecimento intencional de um raciocínio durante ou após sua elaboração.

Em uma aula de Ciências, discussões sobre diferentes pontos de vista em relação a determinado tema são instrumentos importantes para a construção de explicações. Nos processos visando a uma mudança conceitual, por exemplo, Mortimer e Machado (1997) chamam a atenção para a importância das discussões na geração de conflitos cognitivos e também na sua superação. Em tais situações, além de tomar consciência de suas idéias sobre o tema em discussão, os estudantes precisam buscar razões para dar sustentação a estas, e nesse momento os conflitos começam a aparecer. Para que possam superá-los, os estudantes precisam construir uma nova explicação para o fenômeno estudado, o que envolve a comparação entre suas opiniões e aquelas apresentadas por seus colegas. Assim, embora a condição inicial para a argumentação seja o conflito de idéias, esta só fará sentido em sala de aula se uma síntese ou explicação coletiva for almejada, ou seja, se caminhar para um consenso. Para tanto, é necessário ponderar sobre o poder explicativo de cada afirmação, o que contribui para a formação de um espírito crítico por parte desses estudantes (Siegel, 1995).

Segundo Duschl et al. (1999), a argumentação geralmente pode ser reconhecida sob três formas: analítica, dialética e retórica, visto que as duas primeiras são baseadas na apresentação de evidências, enquanto a última sustenta-se na utilização de técnicas discursivas para a persuasão de uma platéia a partir dos conhecimentos apresentados por esta. No contexto da aula de Ciências, podemos destacar a necessidade de uma argumentação baseada na apresentação de evidências, já que estas são tipicamente valiosas para a comunidade científica. É claro que o emprego da argumentação retórica por parte do professor também faz parte do processo de ensino e não deve ser desprezado (Scott e Mortimer, 2002). É preciso observar que diferentes comunidades apresentam diferentes formas de argumentos e que, portanto, o contexto em que um argumento é empregado é fundamental para seu julgamento.

Destacando a necessidade de emprego de atividades envolvendo argumentação nas aulas de Ciências, Driver et al. (1999) apontam algumas formas de argumentos tipicamente importantes para a comunidade científica, tais como o desenvolvimento de simplificações; a postulação de teorias explicativas causais, que gerem novas previsões; e a apresentação de evidências a partir de observações ou experimentações. E, como modelo para o desenvolvimento de habilidades de argumentação entre os alunos, os autores sugerem o padrão de argumento desenvolvido por Toulmin (1958). Esse padrão tem sido adotado por outros pesquisadores para analisar a argumentação em sala de aula e compreende importantes características da argumentação científica.

Considerando a importância do emprego de uma argumentação baseada na análise de evidências e justificativas nas aulas de Ciências e o desenvolvimento de habilidades de argumentação por parte dos alunos, neste capítulo apresentamos a análise de um episódio de ensino de física extraído de uma aula da primeira série do Ensino Médio. Nosso objetivo é identificar aspectos envolvidos na construção de um clima adequado para que os alunos argumentem na direção da cultura científica.

O PADRÃO DE ARGUMENTO DE TOULMIN

O padrão de Toulmin possibilita a identificação tanto dos elementos básicos que compõem um argumento quanto das relações entre os mesmos. O esquema de um argumento completo segundo esse padrão é apresentado na Figura 4.1.

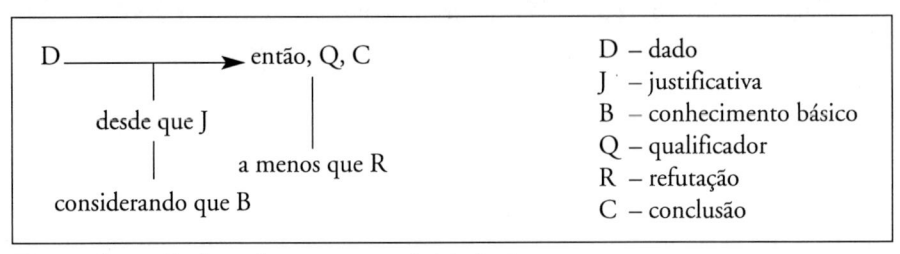

```
D ─────────► então, Q, C        D – dado
    │              │             J – justificativa
desde que J        │             B – conhecimento básico
    │         a menos que R      Q – qualificador
considerando que B               R – refutação
                                 C – conclusão
```

Figura 4.1 – *Padrão de argumento de Toulmin.*

Os elementos fundamentais de um argumento segundo esse padrão são o dado, a conclusão e a justificativa. É possível apresentar um argumento contando apenas com esses elementos, cuja estrutura básica é: "A partir de um dado D, já que J, então C". Porém, para que um argumento seja completo, pode-se especificar em que condições a justificativa apresentada é valida ou não, indicando um 'peso' para tal justificativa. Dessa forma, podem ser acrescentados ao argumento qualificadores modais (Q), ou seja, especificações das condições necessárias para que dada justificativa seja válida. Da mesma forma, é possível especificar em que condições a justificativa não é válida ou suficiente para dar suporte à conclusão. Nesse caso, é apresentada uma refutação (R) da justificativa. Os qualificadores e as refutações dão os limites de atuação de determinada justificativa, complementando a "ponte" entre dado e conclusão.

Além dos elementos citados há pouco, a justificativa, que apresenta um caráter hipotético, pode ser apoiada em uma alegação categórica baseada em uma lei, por exemplo. Trata-se de uma alegação que dá suporte à justificativa, denominada *backing* (B) ou conhecimento básico. O *backing* é uma garantia baseada em alguma autoridade, uma lei jurídica ou científica, por exemplo, que fundamenta a justificativa.

O modelo de Toulmin é uma ferramenta poderosa para a compreensão da argumentação no pensamento científico. Além de mostrar o papel das evidências na elaboração de afirmações, relacionando dados e conclusões mediante justificativas de caráter hipotético, também realça as limitações de dada teoria, bem como sua sustentação em outras teorias. O uso de qualificadores ou de refutações indica uma compreensão clara do papel dos modelos na ciência e a capacidade de ponderar diante de diferentes teorias a partir das evidências apresentadas por cada uma delas. Um modelo, por exemplo, pode ser útil para uma situação específica, porém substituído por outro mais abrangente em outras circunstâncias. Se os alunos puderem entrar em contato com argumentos completos, prestando atenção nessas sutilezas, possivelmente estarão compreendendo uma importante faceta do conhecimento científico.

ANÁLISE DE UM EPISÓDIO DE ENSINO

O episódio analisado a seguir foi extraído de uma aula de Física do primeiro ano do ensino médio em uma escola estadual em São Paulo. Na ocasião, a professora da turma apresentava uma experiência de cerca de 23 anos de magistério e fazia parte de um grupo de pesquisa para a melhoria do ensino de Física junto com outros colegas professores da rede pública, sob a orientação da professora dra. Anna Maria Pessoa de Carvalho, da Faculdade de Educação da Universidade de São Paulo.

A atividade realizada na aula que apresentaremos a seguir faz parte de um programa de ensino de termodinâmica por investigação desenvolvido por esse grupo de professores pesquisadores, que foi publicado na forma de um livro para professores[1] de Física.

---

[1] *Termodinâmica*: um ensino por investigação. CARVALHO, A. M. P. (Coord.). Faculdade de Educação, Universidade de São Paulo, São Paulo, 1999.

Demonstração Investigativa sobre Dilatação dos Gases

Nesta atividade, a professora apresenta uma demonstração sobre dilatação do ar, utilizando um erlenmeyer, uma bexiga, uma pinça metálica e uma lamparina. A bexiga é colocada na boca do erlenmeyer e esse arranjo é aquecido pela lamparina. Com o aquecimento, a bexiga começa a encher, demonstrando a dilatação do ar contido no dispositivo.

A denominação dessa demonstração como "investigativa" foi desenvolvida pelo grupo de professores-pesquisadores para diferenciá-la de uma demonstração convencional. A diferença aqui é que, em vez de ser empregada apenas como ilustração de algo que já foi estudado anteriormente, a demonstração visa introduzir um novo tema por meio de um problema a ser resolvido pelos alunos. A exposição do fenômeno é apenas o início de um processo de busca de explicações para o mesmo.

Análise dos Dados

A análise das interações discursivas presentes durante a realização da demonstração revelou três diferentes fases nesse episódio. A primeira fase (Hipóteses Iniciais) corresponde ao início da atividade, compreendendo desde a apresentação dos materiais e do fenômeno por parte da professora até o levantamento das primeiras hipóteses sobre o que será observado. A segunda fase (Primeiras Explicações) corresponde a um período em que os alunos começam a apresentar algumas explicações para o fenômeno. Na terceira fase (Identificando Explicações Distintas), os alunos aprimoram seus argumentos.

Fase 1 – Hipóteses Iniciais

Este episódio inicia-se com uma transição entre o final de uma revisão sobre os temas *Convecção* e *Condução* estudados em aulas anteriores e o início de uma demonstração sobre um novo tema – *Dilatação*. Enquanto pega os materiais no armário para montar o arranjo que será utilizado na demonstração, a professora vai comentando com os alunos o que está fazendo.

1. *P*: "Teoria Cinética Molecular... a idéia de que as partículas se movem ... que esse movimento tá relacionado com a temperatura ... elas se movem quando ganham energia ... isso tudo é Teoria Cinética Molecular ... eu vou mostrar outro fenômeno... nós vamos tentar explicar outro fenômeno..."

2. *Aluno 1*: "legal..."
3. *P.*: "material ... vamos usar também um vidrinho ... num vai ser béquer ... vamos pegar o maior ... como chama [mostrando um erlenmeyer] isso aqui? cês viram isso aqui em Química?"
4. *Aluno 1*: "ai ... eu vi ..."
5. *P.*: "ai ... eu vi ..."
6. *Aluno 3*: "chama potinho de vidro ..."
7. *P.*: "cês fizeram trabalho de Química ..."
8. *Aluno 2*: "béquer ..."
9. *P.*: "béquer é um que parece um copinho ..."
10. *Aluno 1*: "ai professora ... eu sei ... deixa ver ..."
11. *P.*: "é Er-len-me-yer ..."
12. *Aluno 8*: "é o quê?"
13. *P.*: "Erlenmeyer ..." [comentários dos alunos] [a professora fala enquanto escreve na lousa]

A professora inicia a nova atividade montando o arranjo experimental e mostrando aos alunos os materiais que serão empregados. Nessa fase é apresentada uma questão (turno 3), que é seguida por uma sucessão de intervenções aluno/professor. Essa seqüência de intervenções lembra um padrão triádico IRF, em que a professora inicia o diálogo com uma questão (I) e, a cada resposta dos alunos (R), fornece um *feedback* (F) avaliativo, ou seja, avalia essas respostas (Mortimer e Machado, 1997). Uma questão com resposta única é seguida por uma seqüência de tentativas e pistas, numa espécie de *jogo de adivinhação*. Nesse momento de transição, esse *jogo* parece contribuir para a criação de um ambiente propício para o início da demonstração propriamente dita. Pode-se observar nessa seqüência que, ainda que num clima de bastante descontração, diferentes alunos participam fornecendo algum tipo de resposta.

14. *P.*: "nós vamos usar uma outra coisa ... nós vamos usar um Erlenmeyer ... uma bexiga comum ..." [a professora vai mostrando os materiais enquanto fala]
15. *Aluno 2*: "esse é o material?"
16. *P.*: "eu vou colocar [pondo uma mesinha na frente da classe] a bexiga na boca do Erlenmeyer ... [bastante conversa na sala] reparem que a bexiga ... a bexiga tá vazia na boca do Erlenmeyer... agora eu vou pegar uma lamparina ..."

[dos turnos 17 a 22 há bastante agitação na sala e as intervenções da professora e dos alunos não estão relacionadas ao desenvolvimento da atividade]

23. *P*: "eu vou pegar uma pinça [caminha até o armário] ... eu fui pegar uma pinça pra segura ..."
24. *Aluno 11*: "isso aí é o que fessora?"
25. *P*: "é uma pinça mecânica..."
26. *Aluno 11*: "não... tô falando do frasco..."
27. *Aluno 12*: "é o Erlenmeyer..."
28. *P*: "é o Erlenmeyer ... [começa a aquecer o conjunto bexiga-erlenmeyer] daí a gente aquece ..."
29. *Aluno 3*: "ô professora... com o aquecimento ele vai inchar?"
30. *P*: "então ó ... tá esperando que encha..."
31. *Aluno 12*: "o balão vai encher..."
32. *Aluno 13*: "vai nada..."
33. *Aluno 14*: "ó lá... tá enchendo... já..."
34. *Aluno 5*: "oh ..."
35. *Aluno 14*: "tá enchendo... tá enchendo..."

Nessa seqüência, a professora continua montando o arranjo experimental enquanto vai conversando com os alunos. Em meio a bastante agitação e conversa, as intervenções da professora representam uma tentativa de manutenção de um elo com os alunos. Isso fica evidente no turno 23 quando, além de apresentar os materiais que serão utilizados na demonstração, a professora faz comentários sobre suas próprias ações.

Assim que começa a demonstração propriamente dita, um aluno levanta uma questão prevendo o que vai acontecer (turno 29). Embora no turno 16 a professora já tenha sinalizado que algo aconteceria com a bexiga, a fala espontânea de A3 é um indicador da existência de um espaço acolhedor para a participação. Da mesma forma, a reação da professora, transformando tal pergunta em uma afirmação hipotética dirigida a toda classe, estimula o posicionamento de outros alunos a respeito (turnos 31, 32 e 33). Assim como na seqüência anterior, há uma ampla participação da turma, ainda que em meio a uma grande agitação. Nesse início de demonstração observamos argumentos simplificados, contando apenas com afirmações hipotéticas sem justificativa.

Outro aspecto a ser notado nessa seqüência é o rompimento do padrão triádico IRF. Agora, alunos e professora fazem questões e comentários sem a necessidade desse padrão.

Fase 2 – Primeiras Explicações

Agora que a primeira hipótese já está confirmada, os alunos começam a elaborar explicações para o fenômeno observado.

36. *P.*: "bom... então o material tá lá [na lousa]... pro"
37. *Aluno 5*: "o que acontece é que o ar quente sobe"
38. .: "ah... peraí... ó... o Aluno 5 tá tentando explicar as coisas... aí eu ia fala... o procedimento é colocar a bexiga no Erlenmeyer e aquecer o Erlenmeyer... né? agora... tá enchendo a bexiga... já é observação... por que que tá enchendo? [aponta para a turma] agora o Aluno 5 tava falando ..."
39. *Aluno 12*: "por causa do ar quente"
40. *Aluno 5*: "porque o ar quente é mais leve e sobe [abre os braços no ar]"
41. *Aluno 12*: "porque ele se expande"
42. *Aluno 5*: "é"
43. *P.*: "peraí ... o ar quente é mais leve e sobe [afirmação]"
44. *Aluno 14*: "olha ... eles tão querendo dizer ... professora ... que o ar quente expande ... mas aí dentro ... [inaudível]"
45. *Aluno 5*: "como ele não tem espaço ... ele enche a bexiga ... porque a bexiga tá ... [inaudível]"
46. *Aluno 14*: "então"

Nos turnos 36 e 37, enquanto a professora está comentando a diferença entre materiais e procedimentos, o Aluno 5 já está iniciando a fase de busca de explicações para o fenômeno que está sendo apresentado, fornecendo espontaneamente uma explicação para o mesmo. Esse é um exemplo de situação em que a intervenção de um aluno pode mudar os rumos previstos pelo professor. A resposta da professora no turno 38 valoriza a atitude da aluna sem, porém, deixar de finalizar o assunto que já havia iniciado, ainda que num ritmo acelerado. A diferenciação entre termos, tais como materiais, procedimentos, observações e explicações, faz parte da cultura científica e, nesse turno, fica evidente o papel da professora como representante da mesma.

Da mesma forma que no episódio anterior, observa-se aqui que os alunos apresentam suas idéias livremente, sem a necessidade de obedecer a um padrão do tipo IRF. A começar pela explicação lançada pelo Aluno 5 no turno 37, a participação dos alunos é intensa e as intervenções da professora nos turnos 38 e 43 vão sempre na direção de valorizar e estimular a mesma.

Os alunos começam a construir algumas explicações para o fenômeno observado, utilizando-se de argumentos isoladamente incompletos, sem justificativa, porém complementares entre si (turnos 39 e 41; 44 e 45). Nessas explicações, é possível identificar a presença de duas idéias, "o ar quente sobe" e o "ar quente se expande", diferentes do ponto de vista da professora e iguais ou complementares do ponto de vista dos alunos. A professora começa a sinalizar que algo precisa ser mais bem explicado quando repete a fala do Aluno 5 no turno 43 – "peraí ... o ar quente é mais leve e sobe". Imediatamente o Aluno 14 procura explicar – "olha ... eles tão querendo dizer ... professora ... que o ar quente expande ... mas aí dentro ..." e o Aluno 5 complementa "como ele não tem espaço ... ele enche a bexiga". Porém, ainda é muito cedo para encerrar o assunto, a professora continua insistindo nessa questão na seqüência a seguir.

47. *P*: "mas peraí... tem duas coisas aí na história... o ar quente se expande ou o ar quente sobe?"
48. *Aluno 5*: "sobe" [levanta os dois braços]
49. *Aluno 9*: "sobe"
50. *Aluno 12*: "sobe"
51. *Aluno 3*: "ô professora"
52. *P*: "porque se ele sobe ... ele tá saindo daqui [erlenmeyer... pra cá bexiga] ... e aqui [erlenmeyer] tá ficando vazio"
53. *Aluno 3*: "ô professora ... só que ele tá no limite da bexiga"
54. *Aluno 15*: ["não... ele se expande"
55. *Aluno 5*: ["... não"
56. *Aluno 14*: "se expande"
57. *Alunos*: "se expande"
58. *Aluno 3*: "ô professora ele sobe... mas aí ele não tem a tendência"
59. *P*: "...peraí... um de cada vez"
60. *Aluno 3*: "ele não tem a tendência de saí pra se espalhar... então ele tá tipo... se acumulando na bexiga não é ... mais ou menos assim?"

Nessa fase, a professora procura chamar a atenção dos alunos para a existência de idéias diferentes (turno 47), porém estes continuam transitando entre as mesmas sem considerar nenhum conflito. Procurando sensibilizá-los para o reconhecimento dessa diferença, a professora apresenta uma interpretação mais rigorosa da afirmação que deseja refutar (turno 52), o que leva a uma imediata mudança de opinião por parte de alguns alunos (turnos 54, 55, 56 e 57). Essa alteração, porém, não garante que tenham reconhecido a diferença entre as duas idéias (ver Aluno 3 nos turnos 58 e 60).

A afirmação da professora no turno 52 também contribui para uma evolução na argumentação de um aluno. Enquanto seus colegas interrompem sua intervenção iniciada no turno 48 com afirmações sem justificativa, o aluno 3 elabora um argumento mais sofisticado para retomar a fala nos turnos 58 e 60. Nesses turnos, apresenta uma afirmação "ele sobe", seguida de justificativa "ele não tem a tendência de saí pra se espalhar" e conclusão "então ele tá tipo se acumulando na bexiga..."

Fase 3 – Identificando Explicações Distintas

Nesta etapa da discussão, alguns alunos começam a distinguir os dois tipos de explicação.

61. *P*: "o ar que estava aqui embaixo... a bexiga tava (vazia)... o ar tava aqui... pera um pouquinho... vamos recapitular... ó... o ar tava embaixo... a bexiga estava vazia... e aí? o que aconteceu?"
62. *Aluno 14*: "o ar ficou _____ menos denso e se expandiu"
63. *Aluno 5*: "_____ mais leve _____ porque ele esquentou"
64. *Aluno 12*: "menos denso e expandiu ..."
65. *P*: "peraí... ficou o quê?"
66. *Aluno 7*: "menos denso"
67. *Aluno 14*: "menos denso"
68. *Aluno 12*: "é ... menos denso"
69. *P*: "ele ficou menos denso e subiu _____ então... o Erlenmeyer tá sem ar... ou tem muito pouco ar... e o ar que tava aqui subiu"
70. *Aluno 14*: "_____ subiu"

[discussão entre os alunos sobre a demonstração inaudível]

No turno 61 a professora retoma o problema iniciando uma recapitulação do que foi observado desde o início da demonstração – "o ar tava embaixo ... a bexiga tava vazia ... e aí? O que aconteceu?". Essa retomada do processo dá uma oportunidade para que os alunos reorganizem suas idéias, levando-os a aperfeiçoá-las. Nesse momento começam a empregar argumentos mais completos, fazendo referências a um conhecimento básico – o conceito de *densidade* (turnos 62 e 64) e, também, apresentando justificativas (turno 63).

Embora o emprego do conceito de densidade indique uma evolução na argumentação dos alunos, isso não garante que tenham chegado à explicação esperada para o fenômeno em questão. No turno 69, a professora volta a insistir na explicação inadequada – "ele ficou menos denso e subiu ..." –, o que faz com que os alunos revelem em suas afirmações que ainda estão misturando as idéias identificadas no episódio anterior – "o ar quente sobe" ou "o ar quente se expande". Isso pode ser notado nos turnos 62 e 70, em que o Aluno 14 refere-se às duas idéias em momentos diferentes.

Desde a seqüência anterior, as intervenções da professora começam a apresentar questionamentos que indicam a presença de um padrão IRF. Porém, agora esses questionamentos são empregados como instrumentos para estimular o pensamento e não como um meio de fazer uma transmissão de conhecimentos "dialogada". É importante observar que, mesmo quando os alunos oferecem a resposta desejada, a professora continua insistindo no questionamento, estimulando a argumentação, empregando um padrão IRF denominado elicitativo por Mortimer e Machado (1997).

71. *Aluno 7*: "o ar tava [levantando os braços abertos] querendo se espalhar... professora..."
72. *Aluno 15*: "não... o ar sobe"
73. *P*: "ou o ar tá mais espalhado ()?" [dá continuidade à fala iniciada no turno 69]
74. *Aluno 7*: "...ô professora... menos denso não é uma molécula tá mais longe da outra? o ar tá ocupando mais espaço..."
[discussão sobre a atividade inaudível]
75. *Aluno 5*: "ele sobe"
76. *Aluno 7*: "ô professora... o ar num tá ocupando mais espaço? [volta-se para os colegas] ó... saca só... vocês concordam comigo que as moléculas tão

mais afastadas? então... tá ocupando mais espaço..."
[discussão inaudível]
77. *Aluno 5*: "viu... professora... o ar não subiu..."
78. *Aluno 7*: "ô Bruno... o ar não tá ocupando mais espaço?"

Nessa seqüência, observa-se um grande envolvimento dos alunos em torno de uma polêmica que foi sendo criada aos poucos pela professora "ele [o ar] se expandiu ou ele subiu?". Desde a fase anterior, os alunos vinham utilizando os dois tipos de explicação sem entrar em confronto. Alguns defendiam mais o primeiro tipo, outros defendiam o segundo e terceiros defendiam os dois. Agora começa a surgir um posicionamento mais efetivo em relação a um deles – "o ar expande" –, embora ainda não haja um confronto direto entre os mesmos. Mais alunos participam da discussão, havendo vários momentos em que o grande envolvimento da turma chega a prejudicar os registros das informações, pois vários alunos falam ao mesmo tempo.

No turno 71, o Aluno 7, que entra pela primeira vez na discussão, defende a idéia de que "o ar se expande", enquanto o Aluno 15 opõe-se. A professora se mantém numa posição de questionamento sem colocar-se a favor de uma ou outra afirmação (turno 73). Essa postura da professora leva o Aluno 7 a procurar recursos para a defesa de sua idéia. No turno 74, fazendo uso de um conhecimento básico, o aluno tenta legitimar sua afirmação buscando uma aprovação da professora. Percebendo que este não é o melhor caminho, volta-se para os colegas tentando convencê-los nos turnos 76 e 78. Nessa tentativa de se fazer ouvir, o Aluno 7 vai elaborando argumentos mais completos a cada intervenção: "o ar tava querendo se espalhar"; "menos denso não é uma molécula tá mais longe da outra? O ar tá ocupando mais espaço"; "vocês concordam comigo que as moléculas tão mais afastadas? "então ... tá ocupando mais espaço".

79. *P*: "ele se expandiu ou ele subiu?"
80. *Aluno 3*: "tá subindo..."
81. *Aluno 15*: "ele se expande"
82. *Alunos*: "expande"
83. *Aluno 7*: "ele se expande pra todos os lados..."
[discussão inaudível]
84. *Aluno 12*: "ele se expande ... ele tá querendo sair"
85. Aluno 7: "... pra cima é mais fácil"

86. *P*: "quer dizer que aqui [Erlenmeyer] não tem ar?"
87. *Turma*: "TEM AR"
88. *Aluno 21*: "só que ele tá subindo"
89. *Aluno 3*: "coloca de lado"
90. *Aluno 7*: "professora... coloca de lado [o arranjo] pra ver o que acontece" [comentários]

Apesar de todos os apelos do Aluno 7, a professora continua mantendo a postura de questionamento – "ele se expandiu ou ele subiu?". No turno 80, o Aluno 3 se posiciona a favor da idéia de que o ar está subindo, tendo mantido essa posição desde o início da demonstração. Já o Aluno 15 muda de idéia mais uma vez no turno 81, enquanto o Aluno 7 volta a argumentar no turno 83 – "ele se expande pra todos os lados".

O envolvimento da turma continua intenso e os alunos começam a tentar justificar para a professora o uso das duas idéias "subir" e "expandir", que para eles se complementam – "ele se expande ... ele tá querendo sair" (turno 84); "pra cima é mais fácil" (turno 85).

Enquanto isso a professora continua dando espaço para que os alunos discutam entre si, limitando-se a repetir sempre a mesma questão (turno 79) ou insistir numa interpretação rigorosa daquilo que estão falando – "quer dizer que aqui [Erlenmeyer] não tem ar?". Essa postura tem como resultado um envolvimento cada vez maior dos alunos, que buscam argumentos para convencê-la, chegando a ponto de sugerirem a realização de um teste experimental para solucionar a questão (turnos 89 e 90). Verifica-se aí um salto na argumentação dos alunos. Já que a professora não aceita suas justificativas, estes procuram buscar na experimentação evidências para sustentar suas afirmações.

91. *P*: "se o ar... tá subindo _____ se eu colocar assim" [de cabeça para baixo]
92. *Aluno 7*: "_____" [inaudível]
93. *Aluno 4*: "a bexiga vai estourar"
94. *P*: "eu vou pôr bem longe pra ela não estourar... mas com a bexiga ia acontecer o quê?"
95. *Aluno 4*: "nada"
    [discussão inaudível]
96. *Aluno 15*: "ela ia esvaziar... se o ar tivesse subindo ela ia esvaziar..."

97. *P*: "...se o ar tivesse subindo ela deveria tá esvaziando..."
98. *Aluno 15*: "mas o ar não tá subindo... ele tá se expandindo... então ela não vai esvaziar..."
99. *Alunos*: "ah..."
100. *P*: "certo... se o ar tivesse só subindo... ele agora esvazia... como ele ainda tá quente... ele deveria inverter... né?"
101. *Aluno 2*: "professora..."
102. *P*: "ahn."
103. *Aluno 2*: "não é o caso das moléculas [inaudível]... é esse o caso?"
104. *P*: "é: o que tava em dúvida aqui... vem a ser o seguinte... se o ar saiu daqui [Erlenmeyer] e veio pra cá [bexiga] ... como se fosse na Convecção – o ar quente fica menos denso ... sobe – ou se o ar se espalhou – se o ar que tava aqui agora tá aqui E aqui e tá ocupando mais espaço".
105. *Aluno 5*: "é isso que tá acontecendo"

Ao longo de todo o processo, enquanto a professora insistia em mostrar que duas interpretações diferentes podiam ser derivadas das explicações dos alunos, estes procuravam convencê-la de que as palavras que utilizavam eram complementares. Havia um confronto entre o rigor no emprego de determinados termos, inerente ao pensamento científico, e a displicência característica do pensamento cotidiano. Essa diferença entre o discurso da professora e o dos alunos, porém, foi sendo minimizada à medida que o tempo foi passando e a discussão foi se tornando cada vez mais envolvente. A postura instigadora da professora foi levando cada vez mais alunos a participar e argumentos mais completos começaram a ser construídos, incluindo o emprego de conhecimento básico e a proposição de um teste experimental.

Esse último aspecto foi muito marcante na evolução dos argumentos dos alunos. É importante observar que somente nos turnos 96 e 98, após uma ampla discussão e em posse de uma evidência experimental, um dos alunos apresentou uma refutação para as explicações sustentadas pela afirmação "o ar quente sobe", diferenciando claramente o que se entende por "subir" e "expandir". Somente após esta refutação ter sido construída e após um grande envolvimento de toda a classe, a professora deu um *feedback* avaliativo para os alunos – "certo ... se o ar tivesse subindo ... ele agora esvazia ... como ele ainda tá quente ... ele deveria inverter, né?" – e explica claramente por que a explicação refutada era inadequada – "é o que tava em dúvida aqui... vem a ser o seguinte... se o ar saiu daqui [Erlenmeyer] e veio pra cá [bexiga] ... como se fosse na Convecção – o ar quente fica menos denso ... sobe – ou se o ar se espalhou – se o ar que tava aqui agora tá aqui. E aqui e tá ocupando mais espaço".

Nesse episódio, portanto, a mediação entre os pensamentos científico e cotidiano foi feita por meio de uma postura instigadora da professora, fornecendo um amplo espaço para a participação dos alunos com argumentos e, ao mesmo tempo, acrescentando sua interpretação para os mesmos e estimulando sua reformulação. Com exceção do início da demonstração em que empregou um padrão IRF avaliativo, na maior parte do episódio a professora manteve um espaço para a livre participação dos alunos, utilizando em alguns momentos um padrão IRF elicitativo.

CONSIDERAÇÕES FINAIS

Em primeiro lugar, observamos na fala da professora indícios da cultura científica quando ela enfatizou a necessidade de emprego de termos adequados nas explicações, as diferentes etapas do processo de construção de uma explicação e o rigor na interpretação de afirmações nas discussões (turnos 40, 54, 71 e 88).

Os aspectos relacionados anteriormente foram trabalhados pela professora por meio de diferentes gêneros discursivos presentes na aula. No transcorrer da seqüência analisada, foram identificadas situações com e sem a presença do padrão IRF. No início, esse padrão apresentou-se numa tendência avaliativa, que serviu ao propósito de apresentação dos materiais da demonstração. Já na fase de construção de explicações para o fenômeno em questão, o padrão IRF foi rompido na maior parte do tempo e nos momentos em que esteve presente foi predominantemente elicitativo. Isso possibilitou a criação de um clima de grande envolvimento dos alunos, um espaço para exposição de suas idéias sobre o fenômeno, com o estabelecimento de uma polêmica entre dois tipos de explicação, que acabou conduzindo os mesmos a procurarem meios de aperfeiçoar seus argumentos.

Ao longo do episódio, a argumentação dos alunos foi se transformando; observamos que suas primeiras intervenções foram sempre caracterizadas por argumentos incompletos e que o aperfeiçoamento desses argumentos pode ser relacionado tanto aos diferentes momentos da atividade quanto às formas de intervenção empregadas pela professora.

A demonstração investigativa apresentando um problema a ser respondido pelos alunos impulsionou uma discussão envolvente, em que cada um precisou buscar recursos para sustentar suas afirmações. A postura da professora também foi determinante no incremento da qualidade desses argumentos. Sem dar resposta para a questão e, ao contrário, insistindo na criação de uma polêmica entre as afirmações apresentadas, a professora levou os alunos não somente a construírem explicações causais para o fenômeno estudado, mediante argumentos com justificativa e emprego de conhecimentos básicos, como também fez com que chegassem a solicitar um teste experimental para a obtenção de mais evidências para a defesa de suas idéias, que culminou na construção de uma refutação.

A identificação, por meio da análise do discurso, das diferentes posturas que costumam ou podem ser assumidas pelo professor em sala de aula tem por objetivo a compreensão dos papéis que ambas podem representar nas diferentes facetas do ensino, de modo que possa aperfeiçoá-lo. Com base nisso, o desafio fica em descobrir como utilizar adequadamente as contribuições que os estudos específicos de cada tendência podem fornecer nos diferentes aspectos da aprendizagem de Ciências. No presente caso, observamos que tanto a postura avaliativa quanto a elicitativa por parte da professora tiveram seus papéis no transcorrer de uma aula voltada para a ampla participação dos alunos.

REFERÊNCIAS BIBLIOGRÁFICAS

CARVALHO, A. M. P. et al. *Termodinâmica*: um ensino por investigação. Faculdade de Educação, Universidade de São Paulo, São Paulo, 1999.

DRIVER, R.; NEWTON, P. e OSBORNE, J. The place of argumentation in the pedagogy of school science. *International Journal of Science Education*, v. 21, n. 5, p. 556-576, 1999.

DUSCHL, D. A., ELLENBOGEN, K. e ERDURAN, S., Promoting argumentation in middle school science classrooms: a project Sepia. Evaluation. *Paper presented at the 1999 Narst Conference*, 1999.

KRESS, G.; JEWITT, C.; OGBORN, J. e TSATSARELIS, C. *Multimodal teaching and learning*: the rhetorics of the science classroom. London: Continuum, 2001.

MORTIMER, E. F. Linguagem e formação de conceitos no ensino de Ciências. Belo Horizonte: Editora UFMG, 2000.

MORTIMER, E. F. e MACHADO, A. H. Múltiplos olhares sobre um episódio de ensino: "Por que o gelo flutua na água?". *Encontro sobre teoria e pesquisa em ensino de Ciências*. Belo Horizonte, 1997.

OSBORNE, J.; ERDURAN, S. e MONK, M. Enhancing the quality of argument in school science. *School Science Review*, 82 (301), 2001.

SCOTT, P. e MORTIMER, E. F. Analysing discourse in the science classroom. In: LEACH, J.; MILLAR, R. e OSBORNE, J. (Ed.) *Improving science education:* the contribution of research. Milton Keynes: Open University Press, 2000.

SCOTT, P. e MORTIMER, E. F. Discursive activity on the social plane of high school science classrooms: a tool for analysing and planning teaching interactions. *Paper presented at the 2002 AERA Annual Meeting, New Orleans, USA, as part of the BERA invited symposium: developments in sociocultural and activity theory analyses of learning in school,* 2002.

SIEGEL, H. Why should educators care about argumentation? *Informal Logic*, 17 (2), p. 159-176, 1995.

TOULMIN, S. *The uses of argument.* Cambridge: Cambridge University Press, 1958.

CAPÍTULO 5

A Relação Ciência, Tecnologia e Sociedade no Ensino de Ciências

Andréa Infantosi Vannucchi

INTRODUÇÃO

Nas propostas atuais de ensino de Ciências, em que se pretende alcançar um ensino que leve os alunos a construírem o seu conhecimento mediante uma integração harmônica entre os conteúdos específicos e os processos de produção desse mesmo conteúdo, a introdução de atividades que discutam os problemas de Ciência, Tecnologia e Sociedade (C/T/S) tem um lugar de destaque.

Eles são importantes para passar uma imagem correta da produção do conhecimento em áreas específicas, pois o trabalho de homens e mulheres de ciência – como qualquer outra atividade humana – não tem lugar à margem da sociedade em que vivem, e se vê diretamente afetado pelos problemas e circunstâncias do momento histórico, do mesmo modo que sua ação tem clara influência sobre o meio físico e social em que se insere (Carvalho e Gil, 1993).

Preparar, então, os nossos professores em atividades que discutam o papel dos cientistas na construção do conhecimento, sendo influenciado e influenciando a sua sociedade e a tecnologia influenciando nas descobertas científicas e/ou sendo fruto desse mesmo trabalho é uma das funções de nossos cursos de formação.

Entretanto, não podemos ser ingênuos e supor que "falando sobre" esses assuntos nos cursos de formação os professores serão capazes de modificar suas aulas e propor atividades significativas de C/T/S para seus alunos (Trivelato, 1993 e Carvalho, 1989).

Sob o nosso ponto de vista, a grande dificuldade está em criar condições para facilitar aos professores, nos cursos de formação inicial ou permanente, a integração desses conhecimentos dentro de sua própria prática docente.

Essa integração pode ser concebida quando se organizam atividades nos cursos de formação que favoreçam a vivência de propostas inovadoras em situações de ensino e a reflexão didática dos professores sobre esse trabalho, incorporando-os nas investigações sobre suas próprias práticas docentes (Carvalho e Gil, 1993).

No entanto, a partir de uma análise feita nas Memórias dos principais Congressos Nacionais e Internacionais em Ensino de Física (Carvalho e Vannucchi, 1996), constatamos que poucas são as propostas concretas sobre esse tema que têm sido apresentadas com base em resultados efetivamente obtidos em sala de aula. E são essas propostas concretas que proporcionam aos professores novas vivências e reflexões sobre a prática do colega e criam condições para uma investigação em seu próprio ensino.

O objetivo deste capítulo é mostrar como organizamos uma atividade que discute a relação C/T/S para a escola média com base nas investigações sobre o tema e como incorporamos os professores na pesquisa didática que realizamos em sala de aula.

A ORGANIZAÇÃO DA ATIVIDADE DE ENSINO

Elaboramos uma atividade com a intenção de verificar como os estudantes discutem *sobre* Ciência quando lhes é proposto um tema controverso, no caso, as relações entre Ciência e Tecnologia, com base no episódio do aperfeiçoamento da luneta por Galileu Galilei, no século XVII.

A atividade é composta de um texto e algumas questões elaborados a partir dos trabalhos de historiadores, filósofos e sociólogos da Ciência e que indicam não haver consenso, seja entre modelos que estabelecem relação entre Ciência e Tecnologia, seja na interpretação do episódio em questão por historiadores da Ciência (anexo).

Assim, por um lado, enquanto o senso comum atribui relação causal entre desenvolvimento científico e tecnológico, sendo a Ciência considerada matriz da Tecnologia (Díaz, 1995), no episódio da luneta esse modelo não se aplica, mas trata-se exatamente do contrário: embora Galileu tenha aperfeiçoado a luneta a ponto de permitir a realização de observações astronômicas – que determinaram uma nova etapa para a Astronomia –, a Ciência da época não explicava por que e como funcionava aquele aparato.

Somente no ano seguinte ao episódio, Johannes Kepler publicaria *Dioptrice*, no qual deduziu os princípios de funcionamento do telescópio analisando geometricamente a refração da luz por lentes (Koestler, 1989).

Entretanto, a formulação correta da lei da refração, associada a um modelo explicativo, não estava ainda estabelecida. Embora Descartes e Snell a houvessem formulado de maneira exata, o primeiro, por considerar o raio luminoso uma projeção de esferas – que perdem mais velocidade ao colidirem com um corpo elástico que com um corpo duro –, havia chegado à concepção errônea de que num meio mais denso a velocidade de propagação da luz aumentaria. Assim, elaborou sua lei correta a partir de uma hipótese falsa, de um modelo inadequado (Sabra, 1981). A demonstração de Snell, por sua vez, prescinde de um modelo explicativo, estando baseada essencialmente em observações empíricas (Schurmann, 1946).

Os fatos só seriam esclarecidos cerca de 70 anos mais tarde, quando Christian Huygens deduziu a lei da refração de acordo com o modelo das ondas secundárias (Sabra, 1981).

Assim, embora Galileu tenha transformado a "luneta débil em poderoso instrumento de pesquisa", ele o fez por ter sido o primeiro a polir lentes objetivas de longo alcance com qualidade suficientemente boa (Cohen, 1992), o que indica que, se uma relação causal for estabelecida para esse episódio, o instrumento tecnológico terá permitido novas possibilidades à Ciência.

Em contrapartida, sobre a influência do microscópio na Ciência do século XVII – aparato contemporâneo da luneta –, Pasteur afirmou, em 1864, ter sido graças à tal descoberta que a teoria da geração espontânea, então em declínio, havia retomado novo incremento (Gibert, 1982).

Percebe-se que os exemplos citados não proporcionam dados que se encaixem em um padrão simples. Mayr (1982) coloca o problema nos seguintes termos: trata-se de dados empíricos que, num gráfico, não resultam em pontos pelos quais seja possível traçar uma curva suave. Constata-se, dessa forma, a inverdade da presumida invariância histórica do relacionamento entre Ciência e Tecnologia. Quaisquer concepções ou modelos dessa relação apresentarão limitações, oferecendo tentação permanente no sentido de inferências falsas, de generalizações inconsistentes (Barnes e Edge, 1982).

A interação entre Ciência e Tecnologia estaria mais relacionada a circunstâncias até certo ponto aleatórias (pessoais, sociais, políticas e econômicas) do que a características permanentes dessas áreas do saber. Price (1975) utiliza *simbiose*, ou seja, dependência mútua e vital, como metáfora para a interação.

Quanto à interpretação do episódio por historiadores da Ciência como Alexandre Koyré e Stillman Drake, Mac Lachlan (1990, apud Matthews, 1994a), comentarista dos trabalhos comparados desses dois autores, atribui a diferença em suas conclusões, sobretudo às distintas posições filosóficas. Assim, o Galileu de Koyré parece habitar um mundo filosófico copernicano, platônico, de racionalismo e experimentos mentais. Já para Drake, Galileu adquire caráter menos contemplativo e mais ativo – um agudo observador, experimentador e inventor.

Na elaboração da atividade de ensino foi selecionado um diálogo, escrito por Drake (1983), travado entre contemporâneos imaginários de Galileu sobre o episódio do aperfeiçoamento da luneta. Um trecho do texto apresentado aos estudantes sugere que as primeiras observações astronômicas realizadas por Galileu teriam acontecido por acaso:

> **Sagredo** [...] O que fez com que ele voltasse este instrumento comercial e naval para os propósitos da Astronomia?
> **Sarpi** O folheto dizia, no final, que estrelas invisíveis a olho nu eram observadas através da luneta. Talvez nosso amigo tenha logo verificado tal fato, ou tenha-o descoberto ele próprio. [...]
> **Salviati** [...] enquanto testava [o telescópio] ao entardecer, ocorreu de apontá-lo em direção à Lua, então crescente. Através do telescópio a Lua apresentou-se tão diferente do esperado, tanto em relação à sua porção iluminada, quanto à escura, que durante todo um mês ocupou a atenção exclusiva de nosso amigo.

Em sala de aula, a intencionalidade das observações astronômicas, controversa entre os historiadores, tornou-se uma questão polêmica levantada pelos alunos: seria mesmo *por acaso* que Galileu apontou o telescópio em direção à Lua? O que viu era *coincidentemente* contrário às expectativas da teoria celeste aristotélica?

Assim, as atividades de sala de aula podem ser elaboradas de modo tal a encorajar os estudantes a exercitarem a razão e, também, a serem razoáveis. Os professores deveriam tentar interessá-los pelas questões filosóficas e históricas que podem ser levantadas em relação a um tópico específico, ao invés de fornecer-lhes respostas definitivas, ou impor-lhes seus próprios pontos de vista (Matthews, 1994b).

De qualquer forma, que visão de Ciência, cientistas e de conhecimento científico deveria ser apresentada aos estudantes, visto que não há *uma* natureza da Ciência preferencial sequer entre os filósofos da Ciência (Lederman, 1992, apud Alters, 1995)? O ensino filosoficamente pluralístico é indicado, isto é, que os estudantes tenham noção de que existem múltiplas interpretações para a Ciência.

A NOSSA EXPERIÊNCIA DIDÁTICA NAS ESCOLAS

Era importante que nós testássemos a atividade em sala de aula e a analisássemos, para que esses dados pudessem servir de material didático para os cursos de formação de professores.

A atividade foi proposta para turmas de segundo ano colegial de escolas públicas de São Paulo, Brasil. As aulas foram filmadas em vídeo e transcritas. Os dados apresentados a seguir correspondem a um episódio delas selecionado (Vannucchi, 1996).

O episódio, dividido em momentos, é curto se comparado com a duração da aula. Todavia, constitui um recorte que tem como característica principal tratar de um ciclo completo no processo de interação entre indivíduos, mediado pelo objeto de conhecimento (Carvalho et al., 1992).

A seleção e a interpretação dos episódios estão naturalmente sujeitas aos pressupostos teóricos do pesquisador. Por isso mesmo, sua abordagem reflete os aspectos que se busca salientar e analisar: no caso, a necessidade e a potencialidade de temas controversos para a educação científica.

Nos três momentos descritos a seguir, numa primeira aula, os alunos haviam lido o texto e discutido as questões colocadas ao final, em grupos de quatro a cinco pessoas. As falas transcritas, apresentadas a seguir, são relativas à aula seguinte, quando o professor propôs a discussão com todos os grupos simultaneamente.

DA NECESSIDADE

Momento 1

Nesta turma, após alguma discussão, o professor procurou sistematizar algumas conclusões. No entanto, parte dos alunos discordou de sua posição, o que fez com que ele introduzisse algumas idéias acerca do caráter de construção permanente do conhecimento.

P: "Tudo bem? E então eu acho que a conclusão mais importante é que no episódio da luneta a Tecnologia tá precedendo a Ciência. Então essa idéia de que Ciência gera Tecnologia, ela é questionável, porque nem sempre isso é verdade. Em alguns episódios pode ser, em outros episódios não. Claro que elas andam sempre lado a lado, em alguns momentos é fácil você separar, em outros não."
MO: "Pra falar a verdade, não me convence."
P: "Tudo bem, é isso. Conhecimento é isso mesmo, conhecimento não é, você não pode, eu não tô pedindo verdade pra você. Eu tô tentando te convencer, certo? Daqui a algum tempo você pode tentar aceitar isso ou não, mas isso é o conhecimento, não é ... eu não vendo verdades. Conhecimento não é aquela coisa de verdades, conhecimento científico não é verdade absoluta, acabada. Se fosse verdade absoluta, acabada, seria religião. Nós não estamos fazendo religião aqui dentro. Nós estamos fazendo conhecimento, nós estamos construindo conhecimento. E é isso. Você pode questionar o que eu acho".
CA: "Mas isso é provado que é verdade o que você falou, não? Assim ... todo mundo concorda que nesse caso realmente a Tecnologia ..."
P: "Olha ..."
CA: "*A maioria ...?*"
P: "Na verdade, quando você lê ou faz Ciência, sempre tem uma ala que fala sim, uma ala que fala não. Nunca existe um consenso coletivo de todos os historiadores, filósofos, que achem que Galileu foi isso. E inclusive Galileu tem muita controvérsia, tem gente que acha que não, tem gente que acha que sim. Então, quando você lê um texto, você tem que citar a fonte [...]"
GE: "Foi provado, professor?"
P: "O quê?"
GE: "Nesse texto, que o problema dele era tecnológico?"
CA: "Nós discordamos".

P: "Tudo bem, mas é pra discordar, certo?"
KA: "Eu posso pegar tecnológico **e** científico então?"

As falas das alunas parecem indicar a necessidade de que as idéias sejam apresentadas como verdades (*CA*: "Mas isso é provado que é verdade o que você falou, não?"; *GE*: "Foi provado, professor?").

A educação escolar tem contribuído para essa postura, pois ignorar as dimensões histórica e filosófica da Ciência favorece a visão distorcida da atividade científica, baseada em concepções empírico-indutivistas – a Ciência (e demais conteúdos escolares, incluindo a História) como composta de verdades incontestáveis. A rigidez e a intolerância dessa perspectiva subestimam a criatividade do trabalho científico e criam obstáculo intransponível para o ensino de Ciência, pois, além de pretensiosa e reducionista, a ponto de atribuir à Ciência características inapropriadas, tal perspectiva acaba moldando o comportamento do estudante a essa imagem – o pensamento divergente e opiniões conflitantes não são tidos como importantes, sendo até, por vezes, considerados como negativos (Gil-Pérez, 1985, apud Castro e Carvalho, 1995).

É importante, portanto, que os estudantes vivenciem situações de conflito de idéias, o que pode contribuir para a reflexão sobre o *status* negativo a elas associado. Foi o que ocorreu nessa aula, pois, como os estudantes haviam refletido e discutido previamente nos grupos, se sentiram seguros em defender um ponto de vista contrário ao do professor, apresentando, para isso, seus argumentos, como mostra o Momento 2.

DA POTENCIALIDADE

Momento 2

Ao discutirem com o professor e com o restante da classe a natureza das dificuldades enfrentadas por Galileu para a construção da luneta, alguns grupos as defenderam como tecnológicas, e outros, como científicas.

O professor fez sua síntese:

P: "Então, o problema que Galileu encontrou foi um problema de ordem tecnológica; técnico. Ele tinha que polir lentes, mesmo sem saber por que as lentes tinham essas propriedades. Galileu não sabia, nem ninguém na época, explicar por que as lentes funcionavam, certo? E aí a gente pode distinguir muito bem o que é técnica e Ciência. Porque a Ciência é, ela exige que você saiba a explicação das causas, dos porquês. Se Galileu tivesse feito Ciência no caso do episódio do telescópio, ele saberia, ou deveria ter sabido explicar como e por que as lentes funcionavam, coisa que nem ele, nem ninguém na época, sabia dizer. Mesmo sem ter esse conhecimento, ele aperfeiçoou o instrumento, poliu as lentes e obteve resultados cada vez melhores. Então o problema que Galileu teve que enfrentar foi um problema tecnológico e não científico. Tá?"

CA: "Mas a falta de conhecimento não é um problema científico? Não tinha como saber fazer, não era um ... não tinha aprofundado um conhecimento científico – como fazer aquilo, não é?"

P: "Mas é um problema técnico. Ele teria que ter um instrumento para polir a lente, que era um problema muito mais prático, muito mais técnico do que saber explicar as causas e os porquês. O problema científico, no caso, é saber explicar por que as lentes aumentam os objetos de tamanho. Ele não estava nem interessado em responder essa pergunta."

MA: "Só que, por exemplo, se ele tivesse o conhecimento científico das lentes, aí, na primeira vez que ele fosse fazer as lentes, ele já faria a concavidade ..."

P: "Exatamente. Essa é uma questão importante: o que é conhecimento científico? Porque, se ele tivesse o conhecimento científico, ele saberia prever, ele anteciparia o resultado. Coisa que ele não sabia, certo? Então o conhecimento científico, ele envolve, além de uma explicação, uma previsão [...]"

GE: "Mas a partir do momento que ele foi tentando e chegou à conclusão que deixando uma lente curva ela teria efeito, já seria o conhecimento científico".

P: "Não seria conhecimento científico porque ele não sabia explicar o porquê que a lente curva ia produzir aquele resultado. Por que que a lente plana não produzia e a lente curva produzia? Ele sabia, da observação, que a lente curva tinha um resultado melhor que o da lente plana (que não tinha resultado nenhum). Isso é uma observação, certo? Cadê a explicação? Por quê? Ele não sabia responder".

NA: "Então não é só o tecnológico. Eu acho que aí tem os dois relacionados. Tanto tecnológico, quanto científico. Aí não dá pra distinguir se é um dos dois".

Inicialmente, o professor colocou seu ponto de vista, mas os alunos não estavam convencidos. *CA* apontou um aspecto pertinente: Galileu enfrentou, como problema, a falta de conhecimento científico ("Mas a falta de conhecimento não é um problema científico?"). Entretanto, o que ele não pareceu reconhecer foi o fato de que esse desconhecimento não representou um obstáculo para o aperfeiçoamento da luneta ("Não tinha como saber fazer, não era um ... não tinha aprofundado um conhecimento científico – como fazer aquilo, não é?").

Duas hipóteses podem ser levantadas: em primeiro lugar, uma confusão entre saber e, em suas próprias palavras, "saber fazer". Outra interpretação é que, ao conceber uma relação causal Ciência-Tecnologia, *CA* raciocinou de maneira análoga a Bacon: "Sendo a causa ignorada, frustra-se o efeito" (1973, aforismo III, livro I).

Insatisfeitos com a explicação do professor, os alunos levantaram pontos importantes a respeito do que é a atividade científica, como previsão (*MA*: "se ele tivesse o conhecimento científico das lentes, aí, na primeira vez que ele fosse fazer as lentes, ele já faria a concavidade...") e descrição (*GE*: "Mas a partir do momento que ele foi tentando e chegou à conclusão que deixando uma lente curva ela teria efeito, já seria o conhecimento científico"). E a essa segunda característica atribuída à atividade científica – a descrição –, o professor contrapôs sua concepção: "Isso é uma observação, certo? Cadê a explicação? Não seria conhecimento científico porque ele não sabia explicar o porquê [...]"

Isso é o mais importante: que os alunos revejam e ampliem suas representações de Ciência e Tecnologia. A contrastação entre idéias diferentes, além de relativizar e trazer a necessidade de justificar pontos de vista, pode levar à tomada de consciência e ao esclarecimento de idéias inicialmente indiferenciadas. Parafraseando Siegel (1993) (que se refere à concepção de Ciência), "deveríamos procurar para os nossos alunos aquilo que procuramos para nós mesmos: uma consciência e apreciação cada vez mais profundas dos problemas e dúvidas de nossa[s] concepção[ções]".

Momento 3

Como pode ser visto no trecho a seguir, a discussão acabou por desviar do tema relações Ciência-Tecnologia para entrar, nas palavras do professor, "no terreno das intenções" que Galileu teria tido ao aperfeiçoar a luneta.

P: "Veja, ele não tinha o conhecimento científico".
GE: "É. Faltava esse".

P: "Tudo bem. Nesse sentido, o problema dele era um problema científico. Ele não tava preocupado em explicar o porquê. Ele tava preocupado ..."
DE: "Não se sabe?!"
P: "Oi?"
DE: "Não dá pra saber se ele estava ..."
P: "Bom, pelo menos aí, historicamente. Ele tava preocupado em aperfeiçoar a lente e observar esse resultado – se ela tinha a capacidade de aumentar o objeto de tamanho".

Ao longo da discussão, os alunos tiveram oportunidade de levantar novas questões que não haviam sido propostas. Assim, ao analisarem o "terreno das intenções", os alunos apontaram para eventuais objetivos científicos de Galileu com relação à luneta – não no sentido de compreender seu funcionamento, mas de empreender observações celestes:

P: "Uma pergunta que eu queria introduzir agora, que surgiu nesse grupo aqui é a seguinte: Por que Galileu apontou o telescópio pra Lua? Será que foi por acaso?"
[Alguns alunos respondem que não.]
P: "Será?"
MI: "Então, se não foi por acaso, aí por conhecimento científico".
P: "Aqui que tá, agora a gente entra no terreno das intenções. Quer dizer, Galileu era um gênio, possivelmente sim. Além de um consultor militar ele também era um cientista. Nós não podemos dizer que foi, também não podemos garantir que sim ou não, ele apontou o telescópio pra Lua por acaso, sem querer, e olhou e falou 'Olha, a Lua é assim'. Será que ele não tinha já uma concepção de mundo, uma teoria, um conhecimento dele que levou ele ..."
DE: "Eu acho que ele tinha".
P: "... a apontar o telescópio pra Lua? Será que ele não tinha uma intenção prévia? "
[Parte da classe concorda.]
P: "Ou foi ao acaso? Então, é complicado saber".
LI: "Talvez tenha sido simplesmente por curiosidade".
P: "Pode ... aí que ... nós não sabemos".

A dúvida levantada pelos alunos quanto às intenções de Galileu constitui um ponto controverso entre os próprios historiadores da Ciência, sendo sua relevância sustentada por dois argumentos: a impossibilidade de uma versão final e correta para todas as disputas entre pontos de vista diferentes e a importância pedagógica dos debates e contrastação de idéias.

No entanto, a inclusão de temas contraditórios entre os próprios filósofos e historiadores da Ciência requer o redimensionamento de objetivos educacionais; no caso, promover não respostas finais, mas "[...] algum *insight* sobre o modo como os cientistas trabalham ou como o novo conhecimento científico é obtido" (Kipnis, 1995, p. 613).

NOSSA EXPERIÊNCIA NA FORMAÇÃO DE PROFESSORES

Em nossos cursos de formação de professores, inicial ou permanente, levantamos a discussão sobre a discussão da importância de introduzir atividades de C/T/S mostrando e analisando a experiência didática há pouco transcrita. A partir dos vídeos e de nossa análise, podemos propor discussões sobre vários pontos importantes para o ensino.

Um desses pontos é a importante relação entre conteúdo e metodologia e como ela pode acontecer quando a abordagem histórica é o tema de nossas aulas.

Numa sistematização de propostas construtivistas, uma das características destacadas por Driver (1986) é que se tenham em conta os conhecimentos e as idéias prévias dos estudantes. De fato, entende-se que as idéias dos alunos devam ser consideradas tanto no planejamento didático quanto nas situações de ensino. É preciso, também, estar atento para a necessidade de reestruturação dessas idéias.

Todavia, é importante deter-se neste ponto: de que ordem seriam tais reestruturações? Contrariamente às estratégias de mudança conceitual, entende-se que "a aprendizagem significativa [...] não é uma questão de tudo ou nada" (Coll, 1996, p. 141).

Assim, por exemplo, se sabe que os estudantes já trazem idéias acerca do que constitui o conhecimento científico, bem como sobre suas relações com a Tecnologia. Entretanto, quanto à contratação que as informações contidas no texto de uma atividade e que as discussões com o professor e demais alunos possam trazer, não se espera, necessariamente, uma mudança para determinadas concepções filosóficas.

Entende-se a tomada de consciência, pelo estudante, de suas concepções, como aspecto importante dos processos de ensino e aprendizagem. Essa consciência, propiciada pela revisão de idéias, pode levar à mudança de concepção, o que pode ser visto na fala de uma aluna de uma das turmas na qual foi introduzida a atividade:

P: "Sua resposta não "está de acordo sobre o desenvolvimento científico e tecnológico"?
NA: "Não. Não está de acordo com o que a gente pensava **antes**".
P: "Ah, antes. Por quê? Vocês pensavam o que, antes?"
NA: "Que a Ciência vinha antes da Tecnologia".

Por outro lado, ainda que isso não aconteça sempre, se considera, como mais importante, o fato de as atividades em História e Filosofia da Ciência levarem os alunos a reverem e ampliarem suas representações, adquirindo "consciência e apreciação cada vez mais profundas dos seus problemas e dúvidas".

Esse posicionamento, que não supõe o levantamento das idéias dos alunos para que essas, em seguida, sejam contestadas, valoriza as idéias dos alunos, favorecendo sua criatividade e autonomia. Assim, o redimensionamento que se defende para as restruturações das idéias dos alunos não considera, tão-somente, o conhecimento do sujeito, sua história passada, mas, também, seu futuro, suas perspectivas.

Outro ponto a salientar nos cursos de formação de professores é a importância do conhecimento histórico, que permite que as discussões filosóficas sejam contextualizadas historicamente, proporcionando subsídios para debates fundamentados.

Entende-se que

> Aprender Ciências [e aprender *sobre* Ciências] envolve a entrada dos jovens numa forma diferente de pensar e de explicar o mundo; tornar-se socializado, em maior ou menor extensão, nas práticas da comunidade científica com seus propósitos particulares e suas maneiras de ver e explicar peculiares (Driver et al., 1994).

Quando, de fato, envolvidos nesse "processo de aculturação", os estudantes se dissociam de práticas auto-referentes, já que, para que compreendam essa nova forma de ver o mundo, as idéias que trazem não bastam ou não são congruentes.

Também levamos os professores a tomar consciência do desenvolvimento das habilidades cognitivas e argumentativas entre os alunos. A argumentação – uma das realizações mais importantes da educação científica (Kuhn, 1993, Duschl, 1995 e Driver, 1997) – é favorecida quando propomos esse tipo de atividades, já que os estudantes têm que justificar e debater seus pontos de vista.

Localiza-se aí interface direta entre o conteúdo e o modo como a História e a Filosofia da Ciência são introduzidas em sala de aula. Nesse sentido, quando os alunos trabalham em grupo, quando discutem suas idéias com os pares e com o professor, se está favorecendo o desenvolvimento de habilidades de raciocínio, argumentação, expressão de idéias, além da necessidade de refletir e respeitar as idéias dos demais.

Entretanto, o ponto principal a ser considerado nesses cursos de formação de professores diz respeito ao próprio papel do professor na introdução de uma proposta didática inovadora. É preciso salientar sua importância. Embora a dinâmica interna de construção do conhecimento não possa ser ignorada, nem substituída pela intervenção pedagógica, tal intervenção é importante e consiste essencialmente na criação de condições adequadas para que a dinâmica interna ocorra e seja orientada em determinada direção, segundo as intenções educativas (Coll, 1996). É necessário que o professor esteja atento ao seu discurso em sala de aula, entendendo por discurso toda a fala do professor: quer respondendo ao aluno, quer expondo ou fazendo novas questões. O professor tanto pode promover a argumentação de seus alunos com um discurso persuasivo no qual questões abertas são freqüentes, como pode fazê-los emudecer com um discurso de autoridade em que questões do tipo: "Vocês têm dúvidas?"; "Vocês entenderam o que o texto quis dizer?" são os grandes exemplos.

Em nossos cursos de formação de professores, após as discussões sobre a atividade de C/T/S/ sempre encontramos vários docentes que se interessam em replicar a nossa experiência didática, integrando esses conhecimentos em sua prática de sala de aula e criando condições para uma reflexão sobre o seu próprio trabalho docente.

Quando temos a oportunidade de gravar essas aulas e trazê-las para os nossos cursos, promovendo a análise no coletivo do grupo, as discussões dessas vivências criam novos estímulos para os professores e dão um significado de realidade e possibilidade às propostas inovadoras.

REFERÊNCIAS BIBLIOGRÁFICAS

ALTERS, B. J. Whose nature of science? In: FINLEY F., ALLCHIN D., RHEES D., FIFIELD S. (Ed.). *Third International History, Philosophy, and Science Teaching Conference.* Minneapolis, 1995. p. 33-47.

BACON, F. *Novum organum ou verdadeiras indicações acerca da interpretação da natureza.* Tradução J. A. R. de Andrade. São Paulo: Abril Cultural, 1973.

BARNES, B. e EDGE, D. *Science in context:* readings in the sociology of science. Londres: The Open University Press, 1982.

CARVALHO, A. M. P. de. Formação de professores: o discurso crítico-liberal em oposição ao agir dogmático repressivo. *Ciência e Cultura,* v. 41, n. 5, p. 432-434, 1989.

CARVALHO, A. M. P. de; GARRIDO, E. e CASTRO, R. S. El papel de las actividades en la construcción del conocimiento en clase. *Investigación en la Escuela,* n. 25, p. 61-70, 1995.

CARVALHO, A. M. P. de et al. Pressupostos epistemológicos para a pesquisa em ensino de Ciências. *Cadernos de Pesquisa,* n. 82, p. 85-89, 1992.

CARVALHO, A. M. P. de e GIL-PÉREZ, D. *Formação de professores de Ciências.* Tradução S. Valenzuela. São Paulo: Cortez, 1993.

CARVALHO, A. M. P. e VANNUCCHI, A. I. 1999 – La formación de profesores y los enfoques de ciencia, tecnología y sociedad. Revista Pensamento Educativo, Faculdade de Educación de la Pontifícia Universidad Católica de Chile. vol. 24, julho 1999, p. 181-199.

CASTRO, R. S. e CARVALHO, A. M. P. de. The historic approach in teaching: analysis of an experience. *Science Education,* v. 4, n. 1, p. 65-85, 1995.

COBERN, W. W. Worldview theory and conceptual change in science education, *Science Education.* v. 80, n. 5, p. 579-610, 1996.

COHEN, B. I. *The birth of a new physics.* London: Penguin Books, 1992.

COLL, C. *Psicologia e currículo:* uma aproximação psicopedagógica à elaboração do currículo escolar. São Paulo: Ática, 1996.

DÍAZ, J. A. A. *Educación tecnológica desde una perspectiva CTS*: una breve revisión del tema. ALMBIQUE Didáctica de las Ciencias Experimentales, n. 3, jan. 1995, p. 75-84.

DRAKE, S. *Telescopes, tides and tactics:* a galilean dialogue about the starry messenger and systems of the world. Chicago: The University of Chicago Press, 1983.

DRIVER, R. Psicología cognoscitiva y esquemas conceptuales de los alumnos. *Enseñanza de las Ciencias*, v. 4, n. 1, p. 3-15, 1986.

DRIVER, R. e NEWTON, P. Establishing the norms of scientific argumentation in classrooms. *Paper prepared for presentation at the Eseara Conference*, 2-6 Sep., Rome, 1997.

DRIVER, R., ASOKO, H., LEACH, J., MORTIMER, E., SCOTT, P. *Constructing scientific knowledge in the classroom*. Paper prepared for submission to Education Researcher. Maio, 1994.

DUSCHL, R. A. Más allá del conocimiento: los desafíos epistemológicos y sociales de la enseñanza mediante el cambio conceptual. *Enseñanza de las Ciencias*, v. 13, n. 1, p. 3-14, 1995.

GIBERT, A. *Orígens históricas da Física moderna*. Lisboa: Fundação Calouste Gulbenkian, 1982.

GIL-PÉREZ, D. Contribución de la historia y de la filosofía de las ciencias al desarrollo de un modelo de enseñanza/aprendizaje como investigación. *Enseñanza de las Ciencias*, v. 11, n. 2, p. 197-212, 1993.

_____. New trends in science education. *International Journal of Science Education*, 1995 (preprint).

GIL-PÉREZ, D. e CARRASCOSA-ALIS, J. Bringing pupils' learning closer to a scientific construction of knowledge: a permanent feature in innovations in science teaching. *Science Education*, v. 78, n. 3, p. 301-315, 1994.

GÓMEZ-GRANELL, C. e COLL, C. ¿De qué hablamos cuando hablamos de constructivismo? *Cuadernos de Pedagogía*, 221, p. 8-10, 1994.

KIPNIS, N. Blending physics with history. In: FINLEY F., ALLCHIN D., RHEES D. e FIFIELD S. (Ed.). *Third International History, Philosophy, and Science Teaching Conference*. Minneapolis, 1995.

KOESTLER, A. *O homem e o universo (The sleepwalkers – the history of man's changing vision of the universe)*. Tradução A. Denis. São Paulo: Ibrasa, 1989.

KUHN, D. *Science Argument*: implications for teaching and learning scientific thinking. Science Education, 77 (3), p. 319-337.

LAUDAN, L. *Progress ans its problems:* towards a theory of scientific growth. Berkeley: University of California Press, 1977.

MATTHEWS, M. R. Historia, filosofía y enseñanza de las ciencias: la aproximación actual. *Enseñanza de las Ciencias*, v. 12, n. 2, p. 255-277, 1994a.

MATTHEWS, M. R. *Science teaching:* the role of history and philosophy of science. New York: Routledge. 1994b.

MAYR, O. The science-technology relationship. In: BARNES B. e EDGE D. (Ed.), *Science in context*: readings in the sociology of science. London: The Open University Press, 1982.

MORAES, A. G. et al. Representações sobre ciência e suas implicações para o ensino de Física. *Caderno Catarinense de Ensino de Física*, v. 7, n. 2, p. 115-122, 1990.

MORTIMER, E. F. Construtivismo, mudança conceitual e ensino de Ciências: para onde vamos? *Investigações em ensino de Ciências*, v. 1, n. 1, p. 20-39, 1996.

MORTIMER, E. F. e CARVALHO, A. M. P. de Referenciais teóricos para análise do processo de ensino de Ciências. *Cadernos de Pesquisa*, n. 96, p. 5-14, 1996.

POZO, J. I. *Aprendices y maestros:* la nueva cultura del aprendizaje. Madrid: Alianza Editorial, 1996.

PRINCE, R. de S. *Science since Babylon*. New Haven e London: Yale University Press, 1975.

SABRA, A. I. *Theories of light:* from Descartes to Newton. Cambridge: Cambridge University Press, 1981.

SCHURMANN, P. F. *Luz y calor*. 25 siglos de hipótesis acerca de su naturaleza. Buenos Aires: Espasa-Calpe Argentina, 1946.

SIEGEL, H. Naturalized philosophy of science and natural science education. *Science Education*, v. 2, n. 1, p. 57-68, 1993.

TRIVELATO, S. L. F. *Ciência, tecnologia e sociedade:* mudanças curriculares e formação de professores. 1993. Tese Doutorado – Faculdade de Educação, Universidade de São Paulo, São Paulo.

TRUMBULL, D. J. The irrelevance of cognitive science to pedagogy: absence of a context. In: HUGH H., NOVAK J. (Ed.). *Second International Seminar Misconceptions in Science and Mathematics, Ithaca*, 1987. p. 490-495.

VANNUCCHI, A. I. *História e filosofia da ciência:* da teoria para a sala de aula. 1996. Dissertação (Mestrado) – Instituto de Física e Faculdade de Educação, Universidade de São Paulo, São Paulo.

WHEATLEY, G. H. Constructivist perspectives on science and mathematics learning. *Science Education*, v. 75, n. 1, p. 9-21, 1991.

Anexo ao Capítulo 5 – A Atividade

Tema: Telescópio
Finalidades: Relações entre desenvolvimentos científico e tecnológico.

Ao professor

Estas atividades buscam proporcionar aos estudantes a oportunidade de discutir alguns aspectos da atividade científica, confrontando suas concepções sobre Ciência e sua relação com a Tecnologia.

Pesquisas recentes têm investigado as concepções dos estudantes (e mesmo dos professores) sobre Ciência, Tecnologia, suas interações mútuas e com a sociedade. Marco (1995) e Stiefel (1995) apontam alguns dos principais resultados:

- Ignoram-se os aspectos sociais da Ciência, não havendo alusões ao papel da comunidade científica, nem aos equívocos, crenças e dilemas dos pesquisadores.
- Quanto a suas repercussões sociais, identificam-se Ciência e Tecnologia como uma empresa única ("Tecnociência").
- Muitos consideram a Ciência hierarquicamente superior à Tecnologia, sendo a segunda nada mais que a aplicação da primeira.

Entretanto, a Ciência não é necessariamente matriz da Tecnologia – esta relação de ciência-causa e tecnologia-efeito carece de respaldo histórico, como mostra o texto da Atividade. Por outro lado, o avanço científico eventualmente propiciado por novos aparatos está subordinado às teorias então disponíveis para sua interpretação – exemplos históricos mostram diversos momentos nos quais a comunidade científica não estaria 'pronta' para compreender novas teorias ou evidências empíricas.

O texto narra o motivo pelo qual se deu o aperfeiçoamento da luneta: finalidade militar. Apenas posteriormente o instrumento foi utilizado com fins científicos, no caso, astronômicos. Tem-se aí uma das distinções entre Ciência e Tecnologia, seus objetivos. No caso da Ciência, conhecimento; no caso da Tecnologia, um artefato ou seu processo de produção.

O texto mostra, também, que nem sempre o desenvolvimento tecnológico é precedido pelo desenvolvimento de teorias científicas afins, visto que a luneta foi desenvolvida sem que houvesse, até então, qualquer teoria ótica que explicasse seu funcionamento. Na verdade, o vínculo legítimo ocorre entre inovações tecnológicas anteriores e inovações tecnológicas modernas. Por exemplo, no episódio do aperfeiçoamento da luneta, foi a tecnologia de fabricação de lentes côncavas e convexas, e não a Ótica, que permitiu o aperfeiçoamento de um novo produto tecnológico, o telescópio.

A interação entre Ciência e Tecnologia está mais subordinada a fatores até certo ponto circunstanciais (pessoais, sociais, políticos e econômicos) do que a características permanentes dessas áreas do saber. Dessa maneira, a expectativa de produtos com utilidade prática, gerados por pesquisas científicas, é improcedente. Embora preocupações humanistas de melhoria das condições de vida sejam de fato pertinentes, trata-se de um equívoco esperá-las necessariamente contempladas pela pesquisa científica.

Há, todavia, indicações de uma relação vital entre Ciência e Tecnologia. Uma metáfora utilizada para caracterizar a interação é *simbiose*, que significa dependência mútua, isto é, relação simétrica, permitindo interações recíprocas sem um sentido preferencial.

Ao estudante

Estas atividades têm como base as novas descobertas astronômicas proporcionadas pela utilização de telescópios, aperfeiçoados no século XVII pelo estudioso e inventor italiano Galileu Galilei. A partir desse episódio será possível discutir alguns aspectos da atividade científica e das relações entre Ciência e Tecnologia.

Durante o verão de 1609, um holandês visitou Pádua, cidade onde Galileu Galilei residia na época, trazendo consigo um instrumento através do qual se avistavam os objetos em tamanho três vezes maior que a olho nu. O estrangeiro tentou vendê-lo ao governo local, mas como o preço solicitado era muito alto e ouvira-se da existência de instrumentos semelhantes com poder de aumento superior, o aparelho do holandês foi recusado. Soube-se, então, que o aparato consistia em um longo tubo, contendo uma lente de vidro em cada extremidade.

Galileu, além de professor, desenvolvia atividades de consultoria em problemas de engenharia civil e militar. Dessa forma, provavelmente prevendo a utilidade de tal instrumento para a frota naval de Veneza contra os turcos, decidiu tentar sua construção. E assim o fez, raciocinando que uma das lentes teria que ser côncava e a outra convexa. Lentes planas não produziriam efeito algum; uma lente concava ampliaria o objeto, mas sem resolução e nitidez, enquanto uma lente cônvaca reduziria seu tamanho aparente, mas talvez pudesse eliminar a falta de nitidez. Tentando essa combinação, com a lente côncava próxima de seu olho, verificou o efeito de fato produzido: era possível observar objetos com suas dimensões ampliadas em três vezes.

Antes do final daquele mesmo ano, Galileu havia construído telescópios de qualidade satisfatória e poder de ampliação significativa para observações astronômicas.

Veja, a seguir, como é narrado o episódio por meio de um diálogo imaginado entre pessoas da época por Drake (1983), grande especialista em Galileu Galilei:

"**Sarpi** Por volta de novembro de 1608, recebi da Holanda um pequeno folheto descrevendo um instrumento, elaborado por um fabricante de óculos de Middlebourg. Este instrumento ampliaria objetos distantes, fazendo-os aparentarem estar mais perto. Eu imediatamente escrevi para amigos no exterior indagando a veracidade do fato. [...] Jacques Badovere me respondeu dizendo que o efeito de ampliação era o fato real e que imitações da luneta holandesa já estavam sendo vendidas em Paris, onde ele mora, embora essas imitações fossem pouco potentes, praticamente brinquedos.

[...] Eu e Galileu tínhamos, por diversas ocasiões ao longo dos muitos anos de relacionamento, discutido sobre Ciência, de modo que ele não havia jamais demonstrado maior interesse pela Astronomia, nem estava pensando em tal assunto quando ouviu falar da luneta holandesa.

Sagredo Pelo que eu conheço dele, seu interesse deu-se pela possibilidade de obter vantagem para Veneza sobre os turcos, através da posse de uma luneta pela nossa marinha.

Sarpi Você tem razão. Em junho, ele havia requisitado um aumento de salário ao nobre Signor Piero Duono, que visitava Pádua, mas as negociações provaram-se infrutíferas. Nosso amigo ouviu falar da luneta pela primeira vez numa breve visita a Veneza, em julho, e então percebeu que talvez pudesse construir uma de valor naval para a República. Tão logo ouviu os relatos, nos quais alguns acreditavam e outros ridicularizavam, ele visitou-me para saber minha opinião. Eu mostrei-lhe a carta de Badovere atestando a existência do instrumento holandês e ele retornou imediatamente a Padua para tentar, em sua oficina, a reinvenção e construção da luneta.

Sagredo Quando eu voltei da Síria ouvir dizer que, justamente nessa época, um estrangeiro visitou Veneza com um desses instrumentos, tentando vendê-lo ao nosso governo por um preço alto, de modo que a oferta foi recusada. Tal coincidência surpreendente de fato ocorreu?

Sarpi De fato. E por coincidência ainda maior o estrangeiro chegou a Pádua imediatamente após nosso amigo tê-la deixado para visitar Veneza. Algumas pessoas em Pádua viram o instrumento, como nosso amigo descobriu em seu regresso, mas pelo mesmo golpe de destino, o estrangeiro havia acabado de partir para Veneza.

Sagredo Então nosso amigo obteve considerável benefício prático, podendo saber por outras pessoas de Pádua como o instrumento era construído.

Sarpi De modo algum, pois o estrangeiro não permitia a ninguém exame mais minucioso que o de olhar através da luneta. O preço que pedia por ela era de mil ducados, tanto que os senadores hesitaram agir sem aconselhamento e me indicaram para apreciar a questão. É claro que eu desejava estudar sua construção, mas fui proibido pelo estrangeiro de demonstrá-la. Tudo que pude descobrir era que constava de duas lentes, uma em cada extremidade de um longo tubo. Portanto, isso é tudo que poderia ter sido relatado ao nosso amigo em Pádua. A luneta não era de fato muito potente, ampliando uma linha distante em apenas três vezes. Sabendo pelo folheto que os holandeses já possuíam lunetas mais potentes, aconselhei o Senado contrariamente a este gasto dos fundos públicos e o estrangeiro partiu contrariado.

[...] Justamente nesta época, recebi uma carta de nosso amigo, que dizia ter obtido o efeito de ampliação, embora fraco. Também estava confiante de poder melhorá-lo consideravelmente, num tempo curto [...].

Sagredo Ele contou como havia descoberto o segredo tão rapidamente?

Sarpi Não naquela carta rápida. Mas, posteriormente, disse ter raciocinado que uma das lentes deveria ser convexa e a outra côncava. Uma lente plana não produziria efeito algum; uma lente convexa ampliaria os objetos, mas sem resolução e nitidez, enquanto uma lente côncava reduziria seu tamanho aparente, mas talvez pudesse eliminar a falta de nitidez. Experimentando duas lentes de óculos, com a côncava próxima de seu olho, ele constatou o efeito desejado. Os problemas eram, então, polir a lente côncava mais profundamente, o que se faz em óculos para míopes, e, também, moldar a lente convexa no raio de uma esfera grande, aguçando seu efeito. Por motivos óbvios, ele o fez por si mesmo, pois não desejava que nenhum polidor de lentes soubesse de seu plano. No meio de agosto, ele retornou a Veneza com uma luneta que ampliava oito vezes ou mais. Com ela, da campânula em São Marco, descreveu navios que se aproximavam, duas horas antes que pudessem ser avistados por observadores treinados.

Sagredo Sabemos que ele presenteou a luneta ao Duque e em retorno recebeu um salário dobrado e posição vitalícia na universidade, embora ele tenha logo deixado o magistério e se colocado a serviço de Cosimo II de'Medici, na corte toscana. Agora, o que fez com que ele voltasse este instrumento comercial e naval para os propósitos da Astronomia?

Sarpi O folheto diz, no final, que estrelas invisíveis a olho nu eram observadas através da luneta. Talvez nosso amigo tenha logo verificado tal fato, ou tenha-o descoberto ele próprio [...].

Salviati Talvez eu possa esclarecer o que aconteceu a seguir. Tendo presenteado sua primeira luneta ao Duque, nosso amigo desvencilhou-se de suas obrigações ao príncipe e aluno. Apresentou a Cosimo, em Florença, um instrumento semelhante, útil para fins militares. Ocorreu-lhe que outro, ainda mais potente, seria um presente apreciável para o jovem grão-duque. Tencionava aperfeiçoar ainda mais a luneta. Entretanto, para tal finalidade, necessitava de vidro duro e cristalino de espessura que não era utilizada pelos fabricantes de óculos. Receando que outros antecipassem, caso tomassem conhecimento do material de que necessitava, solicitou o vidro em Florença, na qualidade e tamanho que desejava. Poliu, então, lentes apropriadas para um telescópio duas vezes mais potente que aquele construído anteriormente, que já era quase três vezes mais potente que os brinquedos feitos com lentes de óculos. Ele completou o empreendimento no fim de novembro e, enquanto testava-o ao entardecer, ocorreu de apontá-lo em direção à Lua, então crescente. Através do telescópio a Lua apresentou-se tão diferente do esperado, tanto em relação à sua porção iluminada, quanto à escura, que durante todo um mês ocupou a atenção exclusiva de nosso amigo."

Assim, embora Galileu tenha transformado a luneta num instrumento que possibilitava até a investigação astronômica, não sabia explicar por que e como funcionava aquele objeto. Somente no ano seguinte, um astrônomo da época, Johannes Kepler, escreve um livro no qual deduz os princípios de funcionamento do telescópio, analisando geometricamente a refração da luz por lentes. Mas a formulação correta da lei da refração não era conhecida, como também não se tinha ainda um modelo aceitável para explicar por que, afinal, a luz era refratada pelas lentes. Esses fatos só seriam esclarecidos cerca de 70 anos mais tarde pelo holandês Christian Huygens.

Ou seja, apenas no ano seguinte ao aperfeiçoamento da luneta por Galileu, Kepler explicou *como* se dava seu funcionamento. Entretanto, *por que* o instrumento funcionava daquela forma só pôde ser compreendido 70 anos mais tarde.

Questões

1. De que nova Tecnologia trata o texto? Que parte da Ciência descreve e explica seu funcionamento?
2. Por que motivo Galileu decidiu aperfeiçoar a luneta? Você saberia fazer um

paralelo com os avanços que ocorrem nos dias de hoje, citando algum que tenha se dado pelo mesmo motivo?
3. Em que trechos você nota o descompasso entre desenvolvimento científico e tecnológico no século de Galileu?
4. Quais foram, afinal, as dificuldades enfrentadas por Galileu para a construção da luneta? Você as definiria como problemas científicos ou tecnológicos? Por quê?
5. Qual seria então a relação entre Ciência e Tecnologia e científicos e tecnológicos? Ela seria equivalente à que ocorre nesse episódio? E exemplos nos quais a interação seja diferente?

REFERÊNCIAS BIBLIOGRÁFICAS

Conforme indicado, os livros e artigos de revista a seguir foram utilizados na elaboração desta atividade. Você pode buscá-los como fonte para informações adicionais ou para a criação de novas atividades.

DÍAZ, J. A. A. Educación tecnológica desde una perspectiva CTS – una breve revisión del tema. *Alambique*, nº 3, p. 75-84, 1995

DRAKE, S. *Telescopes, tides and tactics: a Galilean dialogue about the starrymessenger and systems of the world.* Chicago: The University of Chicago Press, 1983.

KOESTLER, A. *O homem e o universo.* Tradução de Alberto Denis. São Paulo: Ibrasa, 1989. p. 426.

SMITH, Alan G. R. *A revolução científica nos séculos XVI e XVII.* Lisboa: Editorial Verbo, 1973. p. 215.

MARCO, B. S. La de la Ciencia enlenmayer los enfoques CTS. ALAMBIQUE Didáctica de las Ciencias Experimentales, n. 3, jan. 1995, p. 19-29.

CAPÍTULO 6

UMA E OUTRAS HISTÓRIAS

Ruth Schmitz de Castro

INTRODUÇÃO

Há alguns anos, resolvi investigar *(buscar vestígios em)* **como e por que o uso da história e da análise filosófica da ciência poderia levar o aluno de ensino médio a evoluir rumo a uma real construção do conhecimento físico.** O que até então me foi apresentado como mera intuição, foi tomando forma de pesquisa à medida que reconhecia nessa abordagem um instrumento de transformação do discurso científico. Por meio da abordagem histórica, esse discurso deixaria de ser frio, dissertativo, impessoal e sempre apresentado como um produto acabado e seria transformado em um discurso seqüenciado, mais próximo das habilidades cognitivas desses alunos. A história da ciência delineava-se como uma maneira de acompanhar e entender o processo oculto por trás do conhecimento científico cifrado, invariavelmente apresentado, na dimensão de seu mistério, sem a explicitação dos sujeitos envolvidos em sua construção. Tentar acompanhar esse processo pela sua historicidade parecia-me trazê-lo para mais perto da maneira de pensar do próprio homem, sujeito que, antes de conhecer cientificamente, constrói historicamente o que conhece. A abordagem histórica dos conteúdos da ciência insinuava-se, pois, como um mecanismo de tradução desse discurso hermético da ciência para um discurso no qual os estudantes fossem capazes de reconhecer sentido, passando assim a serem capazes de também enunciá-lo.

A experiência de proceder a uma investigação, em qualquer nível ou plano, não é linear e muito menos unívoca. Nossas construções nunca se completam, embora busquem uma forma final, ainda que seja para que possamos discuti-las com nossos pares ou com aqueles que escolheram perseguir questões parecidas com as nossas.

Foi exatamente essa convicção que me deu ânimo e me fez, ao longo desses anos todos, continuar investigando em situações diversas que papel a história das ciências desempenha no ensino de Ciências. Acrescentei à minha questão inicial mais duas outras: **como a história das ciências pode contribuir para a formação do professor das séries iniciais do ensino fundamental** e **como é possível usar a história da ciência em um texto didático de ciências.**

Neste capítulo, apresentarei algumas considerações que elaborei ao longo do enfrentamento dessa questão que me levou da sala de aula para a pesquisa. Desde então, ensinar, aprender e pesquisar se me apresentam como aspectos indissociáveis da construção de conhecimentos.

Começarei apresentando as contribuições da história da física para o ensino da Física no ensino médio, meu primeiro problema e objeto do meu trabalho de mestrado. Em seguida, discutirei a importância da história da ciência na construção de referências dos professores das séries iniciais do ensino fundamental. Passarei, então, ao levantamento dos possíveis usos da história da ciência em um livro didático para as séries finais do ensino fundamental. Por fim, farei algumas considerações sobre história, ensino e ciência.

O USO DA HISTÓRIA DA FÍSICA NO ENSINO MÉDIO

Minha hipótese principal, formulada antes mesmo de iniciar minha pesquisa por ocasião do meu mestrado,[1] é a de que a abordagem histórica aproxima cognitivamente o conhecimento científico do conhecimento comum. Mas como promover essa aproximação e ao mesmo tempo contribuir para o entendimento dessa forma de conhecer tão peculiar e tão sofisticada que é a ciência? Parecia haver uma contradição nesses dois propósitos: se o conhecimento científico é tão diferente do conhecimento comum em seus princípios, em seus métodos e em seus

---

[1] Em 1989, iniciei mestrado na Universidade de São Paulo, no qual integrei o grupo da Professora Anna Maria Pessoa de Carvalho. Foi o início de minha reflexão sistematizada sobre essa questão.

caminhos, como promover uma aproximação entre essas duas formas de conhecer sem reduzir de maneira simplista uma à outra? Como não condenar a forma mais sofisticada a uma abordagem superficial e, por isso mesmo, não científica?

A própria ciência me ajudou a resolver essa contradição: a busca de aproximações faz parte do método da ciência e a abordagem histórica nos permite constatar que o saber científico não é meramente transmitido, revelado ou adquirido pela simples observação. Ele é construído a partir de referências múltiplas, num processo de ir e vir constante e incansável, num exercício de aproximação e distanciamento que engendra uma visão de mundo que se modifica a cada dia, num processo de dialetização permanente. Contudo, não se pode reconstruir o que não se reconhece como objeto de reconstrução. A história ajuda a reconhecer a ciência como uma reconstrução possível.

Não é recente a idéia de que a história ajuda a compreender a ciência. Comte, fundador do positivismo lógico, afirmava que a ciência podia ser apresentada mediante dois caminhos, o histórico e o dogmático. A combinação dos dois seria, pois, inevitável, se se desejasse ter sucesso no ensino dela.

Paul Langevin, físico francês do século XIX, defendia que o estudo da história da ciência enriquece a compreensão dos fatos atuais, pois revela uma visão ampla da cultura como instrumento de adaptação do homem ao mundo que o cerca. Chegou a propor a substituição do estudo da Física pelo de sua história, o que desnudaria a verdadeira finalidade da ciência: uma finalidade cognitiva e não meramente prática. O estudo da história da ciência é de grande valor, porque "veicula os valores essenciais como a modéstia e a humildade" (Langevin, apud Bensaude-Vincent, 1982)

Ainda no final do século XIX, o físico E. Mach e seus seguidores também defenderam que a história da ciência é necessária para a compreensão dos conceitos científicos.

No início do século XX, mais efetivamente após a II Guerra Mundial, aumentou o destaque do uso da história das ciências nos cursos de física. James B. Conant, presidente da Universidade de Harvard, defendia o uso dos "casos" de história. Suas idéias influenciaram nomes como T. Kuhn, Gerald Holton, Stephen Brush, Fletcher Watson e James Rutheford, que trabalharam no projeto Harvard para escolas secundárias. Tsóeteteeal projeto, fundamentado em princípios históricos, preocupava-se com as dimensões cultural e filosófica da ciência e tinha como objetivos evitar a evasão, atrair mulheres para cursos de Ciências, desenvolver habilidades de raciocínio crítico e elevar o nível de aprendizado. No auge de sua aplicação, atingiu 15% dos alunos americanos de 1º e 2º graus.

Brush (1969, 1974) fez muitas críticas ao uso indevido da história da ciência no ensino. Em 1970, conduziu com Allen King um Simpósio no MIT sobre o uso da história da ciência em cursos de Ciências. Sua principal conclusão foi a de que a história usada pelos professores era uma pseudo-história, perniciosa, que chegava a enfraquecer as convicções científicas.

Kuhn (1978) também criticou a forma como os professores faziam uso da história da ciência. Para ele, esse uso estava sempre a serviço do paradigma dominante e, por isso, perpetuava a ciência normal. O professor usava sempre exemplos que o historiador rejeitava como falsos e pobres.

Para Whittaker (1979), no ensino das Ciências, a história dos conceitos científicos era recriada sempre de forma que atendesse a objetivos atuais, de acordo com a visão de ciência de quem a escrevia. Essa recriação, embora diferente da simples cronologia dos fatos, implicava a criação de uma ficção histórica. Essa visão da abordagem histórica é muito próxima da reconstrução racional, descrita por Lakatos (1978) como criada para sustentar uma versão de metodologia científica e na qual as figuras históricas são retratadas à luz da metodologia ortodoxa atual.

As pesquisas em ensino de Ciências e a difusão dos programas de CTS – Ciência Tecnologia e Sociedade – dão à investigação sobre o uso da história da ciência no ensino das Ciências um novo estatuto, chegando até mesmo a culminar com a inclusão dessas abordagens nos currículos oficiais em vários países (Mathews, 1995).

A abordagem histórica passa a ser considerada como propiciadora de uma reflexão a respeito do conhecimento científico, no que se refere a produtos e processos. Começam a clarear os usos possíveis, plausíveis e frutíferos dessa abordagem. Para Gagliard (1988) e Saltiel e Viennot (1985), essa abordagem promove o esclarecimento dos conceitos e redimensiona os erros e as dificuldades dos estudantes. Para Giordan (1983, apud Wortmann, 1996), facilita a organização nodal de conceitos a partir da organização de teias e redes conceituais e ajuda os professores a examinar a relevância dos conceitos a serem ensinados e a eleger os conceitos estruturantes que integrarão o conteúdo curricular.

Para Gil (1986), é ferramenta que auxilia a construção de conceitos e a construção de uma metodologia própria do conhecimento científico, além de resgatar a ciência como objeto de construção, portanto, como processo. Seu uso em situações de ensino resgata também o sujeito e a possibilidade de estabelecer a causalidade, ajudando, assim, na construção de significados.

Para Lacombe (1987), a história das Ciências ajuda a compreender os erros dos alunos, ainda que a ontogênese não repita a filogênese. Conjugando o que se sabe da história dos conceitos com o que se sabe do que os estudantes pensam desses conceitos, podemos desenvolver atividades que levem à efetiva construção de conhecimento.

Na mesma linha, os trabalhos de Castro e Carvalho (1992) e Castro (1993) permitem-nos identificar duas principais funções do uso da história da física num curso de Física: uma função facilitadora do pensamento dos alunos e uma função reguladora das perturbações lacunares, que têm um importante papel na construção dos conhecimentos. Essa função reguladora manifesta-se no fato de a abordagem histórica trazer à tona questões que, mesmo aparentemente banais, são capazes de evidenciar as lacunas que impedem o avanço do processo de conhecer.

Quando os conteúdos de ciências são abordados a partir do questionamento sobre sua gênese, quando são estudados visando entender as razões e os motivos que os engendraram, parece-nos que se tornam mais plausíveis, mais compreensíveis aos estudantes. O contexto propicia o entendimento das idéias, porque amplia a possibilidade de referenciá-las. Quando os estudantes discutem a origem dos conceitos científicos, sua transformação ao longo do tempo, reconhecem mais facilmente tais conceitos como objetos passíveis de construção. Cria-se, assim, um comprometimento maior entre o sujeito que conhece e o objeto a ser conhecido.

Ao buscarem o estabelecimento do diálogo entre o presente e o passado, entre a intencionalidade do ensino de conceitos que queremos construir e esses mesmos conceitos em seu nascedouro, os estudantes transitam com mais naturalidade por entre as idéias em gestação. Sentem-se mais autorizados a formular explicações mais significativas ou em um nível mais profundo. Deixam de se contentar com a mera repetição de definições ou formulações que não são suas, para as quais sequer construíram sentido.

Não estamos afirmando que o enfoque histórico tem o condão de vulgarizar a abordagem científica, no sentido de torná-la construção natural. O que ele possibilita é uma aproximação no plano da linguagem, no plano do discurso. É isso que vai facilitar a entrada do estudante no universo sofisticado da ciência muitas vezes visto por ele como inacessível.

A história da ciência empresta aos cursos de Ciências o espaço para a discussão de aspectos metodológicos e atitudinais da ciência. Não é, pois, mero diletantismo. Ela complementa o estudo das ciências com seus aspectos sociais, humanos e culturais. Os cursos de Ciências passam, assim, a propiciar aos estudantes não apenas a construção de conceitos científicos, mas, sobretudo, uma concepção do que é ciência.

A HISTÓRIA DAS CIÊNCIAS E A FORMAÇÃO DO EDUCADOR

> Uma obra de homem nada mais é do que esse longo caminho para reencontrar, pelos desvios da arte, as duas ou três imagens simples e grandes, às quais o coração se abriu uma primeira vez.
> *Albert Camus*

Quase dez anos depois de terminar minha pesquisa de mestrado, reencontrei "pelos desvios da arte" mais uma vez esta questão à qual "o coração se abriu uma primeira vez". De roupagem nova, ela agora me era apresentada da seguinte forma: que contribuições a história da ciência poderia trazer para a formação do professor das séries iniciais do ensino fundamental? Minha questão prática era planejar a disciplina História das Ciências, com carga-horária de 60 horas, que teria lugar no primeiro período de um curso de magistério superior.[2] Não poderia adiar o enfrentamento dessa questão, uma vez que o curso começaria em seis meses e era preciso idealizá-lo.

Tomei como ponto de partida os resultados que obtivera em investigação anterior (Castro e Carvalho, 1992). Conhecer os contextos de produção, sa-

---

[2] No início do ano de 2001, a PUC-Minas passou a oferecer o Curso Normal Superior. Nesse curso, de licenciatura, seriam formados os professores das séries iniciais do ensino fundamental. De acordo com a LDB, a partir do ano de 2006, todos os professores dessas séries deverão ser graduados em nível superior.

ber como se deu a elaboração de um conceito ao longo do tempo e que discussões foram travadas até ele se consolidar facilita a compreensão dessas idéias e desses conceitos. Ao professor é essencial conhecer os obstáculos que se colocaram no caminho do desenvolvimento científico, as dificuldades de percurso ao longo da evolução das idéias e a real complexidade dos conceitos que ensina. O conhecimento da história das idéias e dos conceitos faz com que ele compreenda melhor as resistências e dificuldades dos seus alunos. O próprio erro é redimensionado, ganhando novo estatuto (Bachelard, 1960). As construções dos estudantes deixam de ser encaradas como absurdas e passam a ser aceitas como legítimas num processo cuja sofisticação e complexidade passam a ser consideradas com o devido cuidado.

Contudo, inúmeros são os contra-exemplos e as críticas ao uso que se faz da história da ciência no ensino. Martins (1990) aponta três exemplos do que considera um uso negativo da história da ciência nos cursos de formação de professores. Em seu primeiro contra-exemplo, critica a abordagem histórica da ciência, que se apresenta como sendo um pouco de cronologia e um pouco de nomes. Para ele, essa abordagem "serve, apenas, para que o estudante fique conhecendo os nomes de alguns cientistas famosos e tenha uma idéia sobre as épocas (e sobre as seqüências) de determinadas descobertas, mas não facilita o ensino da própria ciência". O segundo contra-exemplo é uma história do tipo anedótico, que conta casos reais ou inventados sobre os cientistas, servindo apenas como artifício pitoresco para amenizar a aridez usual das aulas de Ciências. O perigo, segundo o pesquisador, é que o uso de piadas "pode apresentar uma visão distorcida e mistificada da ciência e dos cientistas". Por fim, apresenta o que para ele seria o mais perverso uso da história: aquele que a apresenta como forma de persuasão e intimidação, apelando para o argumento da autoridade.

No desafio de estruturar meu curso, portanto, não ignorava o quanto seria difícil traçar um quadro da construção do pensamento científico e técnico e suas relações com outras áreas da vida humana, desde a Antiguidade até hoje. Como traçar esse quadro sem cair em uma mera cronologia? Como uma pessoa sozinha poderia fazer um bom trabalho num curso como este, uma vez que é humanamente impossível uma única pessoa dominar todo o seu conteúdo?

Buscando não incorrer nesses erros, ou pelo menos reduzir os riscos de cometê-los, estruturei o curso em três eixos: epistemológico, histórico e pedagógico. O eixo epistemológico garantiria o espaço para reflexões sobre a natureza da ciência, seus princípios e seus métodos. O segundo, o eixo histórico, apresentaria uma reconstrução histórica da racionalidade científica, numa perspectiva que levasse em conta o contexto socioeconômico e político de sua produção. O terceiro eixo permitiria a discussão dos limites e das possibilidades do uso da história da ciência no desenvolvimento de conteúdos científicos. Assim, apoiado nesse tripé, o curso poderia proporcionar a construção de uma concepção de ciência que abrigasse a solidariedade entre sujeito, objeto e cultura, que considerasse a história da construção dessa ciência como não linear, dinâmica, constituída por rupturas e descontinuidades.

A importância do espaço para as reflexões sobre a natureza da ciência no curso vem se confirmando a cada novo semestre, a cada nova turma. A visão de ciências construída pelo senso comum carrega vários mitos e estereótipos acerca da natureza da ciência. Venho identificando[3] claramente a presença desses mitos na concepção de Ciências dos meus alunos do Curso Normal Superior, atuais ou futuros professores das séries iniciais do ensino fundamental. Isso reforça minha convicção na importância do curso que ministro na formação deles.

Outra pista que vem me orientando na construção desse curso teve origem em minhas incursões pela análise do discurso. O sujeito não é causa do discurso, que se constitui na enunciação. As idéias de heterogeneidade constitutiva (Authier-Revuz) e de polifonia (Bakthin) orientaram a elaboração de uma hipótese, que também venho confirmando ao longo do trabalho com os professores em formação. A alteridade marca todo discurso, que nunca tem origem no sujeito que enuncia. Esse sujeito é o resultado da confluência dos diversos discursos que convivem na sociedade em que esse sujeito se insere. O sujeito que enuncia põe em cena inúmeras vozes, inúmeros outros que, por sua vez, em seus contextos de vivência colocaram em cena outras vozes. O discurso é heterogêneo e polifônico, o sujeito é partido, é vários. Assim como não há sujeitos unos, não há discursos puros. O conhecimento do mundo pressupõe o conhecimento de outros discursos. "O melhor de mim sou eles", nas palavras do poeta Manoel de Barros.

---

[3] Inicio a discussão sobre ciência aplicando um questionário construído a partir de um texto do Capítulo II do livro *Desafios pedagógicos para o século XXI*, da pesquisadora e educadora portuguesa Maria Eduarda Vaz Moniz dos Santos. Discutimos, a partir de então, os mitos e os estereótipos existentes em relação à ciência.

O discurso provém de vários lugares e tem relações determináveis pela análise de outros contextos, que por isso devem ser levados em conta. O professor dialoga com suas várias referências para produzir sua fala, o seu discurso. Ao falar, seu lugar social, cultural e político comparece em seu discurso, que abarca também todas as referências que participaram de sua constituição como sujeito falante.

Venho observando há algum tempo que os professores das séries iniciais se constituem numa enunciação rica em referências religiosas, plena de referências artísticas, algumas referências políticas, mas possuem poucas referências científicas.[4] Os discursos que neles se cruzam pouco têm de científico. A idéia de ciência que esses professores têm é informada por uma racionalidade quase mítica, com rasgos de uma visão de ciência que é pré-científica. Como podem eles falar das ciências e sobre ciência se os discursos que os constituem não são sequer minimamente referenciados nesse tipo de conhecimento?

O professor de Ciências precisa ter referências na ciência, se se quer que seu discurso seja marcado pelas características da ciência. A construção dessa referência pode ser dada por meio da abordagem histórica. Isso é suficiente para justificar a necessidade da disciplina história das ciências num curso de formação de professores. Além disso, conhecer o passado das idéias e buscar compreender a transformação delas pode ajudar a entender a ciência como um recorte da realidade que se relaciona com outras atividades humanas, com outros diferentes recortes dessa realidade. O professor em formação poderá inteirar-se dos obstáculos que impediram o desenvolvimento da ciência, as dificuldades de percurso e, assim, avaliar os conceitos em sua raiz epistemológica, verificando se a complexidade deles é compatível com as habilidades que os estudantes apresentam. A inevitável interdisciplinaridade propiciada pela abordagem histórica facilitará ao professor a compreensão da estrutura do conhecimento que

---

[4] Essa minha hipótese vem se confirmando nos últimos dois anos. Para verificá-la tenho usado um instrumento que construí a partir do texto "Como vai?", de Umberto Eco. Nesse texto, do livro *O segundo diário mínimo*, o intelectual italiano e alguns amigos imaginam algumas respostas que poderiam ser dadas à pergunta *Como vai*, por diversas personagens reais ou do universo da ficção. É um texto divertido, que revela o refinado senso de humor do intelectual italiano e de sua "turma". Apresento esse texto na forma de uma tabela e proponho, como um exercício, que os alunos verifiquem quais das personagens listadas eles identificam ou reconhecem. Peço, também, que verifiquem se as respostas que o autor imaginou como possíveis fazem sentido para eles, ou seja, se os alunos compreendem o porquê de cada resposta apresentada.

ministra, das relações entre ciência e poder, da ciência como força produtiva e não mais como atividade neutra. Assim, estará mais apto para propor estratégias adequadas, para elaborar atividades desequilibradoras. Seus cursos serão mais interessantes e a aprendizagem de seus alunos será mais significativa.

A HISTÓRIA DA CIÊNCIA E O LIVRO DIDÁTICO

Não sabendo que era impossível ele foi lá e fez.

Jean Cocteau

Outro desdobramento do desafio de investigar o papel que a História da Ciência desempenha no ensino das ciências surge quando lidamos com os textos didáticos. Como levar essa abordagem para o livro didático de Ciências? É possível inseri-la nos livros das séries iniciais? Se há algum tempo esses livros eram criticados por não apresentarem uma abordagem histórica, mais recentemente a crítica recai sobre a forma como tem se dado a introdução desse enfoque.

As mesmas críticas que listamos ao uso da história da ciência nos cursos de Ciências e nos cursos de formação de professores costumam ser lançadas também contra as recentes tentativas de inclusão nos textos didáticos de um tratamento mais contextualizado dos conhecimentos científicos. Tais críticas não dão pistas nem incentivam os professores, pesquisadores e autores a aprimorarem suas reflexões. Contribuem apenas para inibi-los e afastá-los do caminho da investigação, da busca de vestígios: tudo o que eles fizerem será usado contra eles. A reflexão sobre a ciência herda o mesmo fantasma que já assombrava as próprias ciências: existe uma única forma correta de produzir conhecimento legítimo, confiável e válido. E o que parece mais desanimador: o que se tem a dizer sobre esse conhecimento é apenas como ele não pode ser feito.

Como apresentar atividades que resgatam, em um livro didático, a dimensão histórica, sem incorrer em simplificações indesejadas?

Esse desafio ganhou corpo nos últimos três anos quando começamos[5] a escrever uma coleção de Ciências para as séries finais do ensino fundamental

---

[5] Em 1998, passei a integrar o grupo Apec, formado por professores de Física, Química e Biologia. Desde então, vimos discutindo as questões centrais que permeiam o ensino das Ciências. Foi a partir do momento que iniciamos a elaboração de um livro didático para as séries finais do ensino fundamental que passamos a tentar responder explicitamente a essa questão.

e optamos por fazer presente em toda a coleção uma seção denominada "Ciência tem história". Nela, o processo de validação dos conhecimentos científicos seria discutido por meio de relatos e questionamentos inspirados no desenvolvimento da ciência ao longo da história.

Embora essa abordagem histórica seja muito mais que a mera apresentação do nome de grandes homens apontados como responsáveis isolados na construção da ciência ou ainda de episódios marcantes, numa linha cronológica, não negamos a importância de identificarmos os atores científicos e os contextos em que desenvolveram seus trabalhos. A ciência, como toda atividade humana, é desenvolvida por homens. Como todos os homens, os cientistas têm seus trabalhos condicionados pelas escolhas políticas, pelas condições sociais e econômicas, pelos ares culturais que os cercam. Identificar os sujeitos, as causas e os condicionantes de suas investigações ajuda a fazer com que a ciência seja reconhecida como atividade passível de reconstrução, como objeto de estudo possível de ser estudado por todos e não apenas por alguns privilegiados. E o que parece não ser percebido por quem não lida diretamente com estudantes do nível fundamental e do nível médio é que, em alguns momentos, só essa abordagem é possível.

O que precisamos não é negar a dimensão subjetiva, temporal dos episódios e dos seus atores, mas ultrapassá-la, enriquecê-la, abordando os aspectos que lhe devolvem a complexidade natural dos empreendimentos humanos: seus princípios epistemológicos, suas escolhas metodológicas e as contingências sociais, políticas, religiosas, econômicas e culturais que os condicionam.

Todo texto didático de Ciências traz em si a concepção de ensino de seus autores, bem como a concepção de ciência que eles têm. Um livro de Ciências, a meu ver, precisa apresentar explicitamente a preocupação com alguns aspectos fundamentais para a compreensão da ciência como uma atividade humana histórica, social e culturalmente determinada, cujos empreendimentos visam construir explicações racionais sobre o mundo. Para isso, apenas a preocupação em tratar historicamente os conteúdos não é suficiente. É preciso explicitar a preocupação com os conhecimentos prévios que os estudantes levam para a escola e sugerir estratégias que façam com que esses conhecimentos sirvam de contraponto para o diálogo que vai se estabelecer em sala de aula, rumo à construção de conceitos científicos. Esses conteúdos devem ser tratados recursivamente, de maneira que as idéias nucleares, os princípios fundadores e os conceitos estruturadores do currículo de Ciências não só sejam revisitados em níveis diversos de complexidade, mas também possam ser identificados em várias situações e em contextos diferentes. É preciso, ainda, organizar os conteúdos em torno de temas relacionados com o cotidiano dos estudantes. Assim, torna-se possível a interdisciplinaridade, a comunicação entre os saberes das diversas disciplinas e o próprio conhecimento, pois conhecer é estabelecer relações, construir vínculos, cruzar referências.

Ao longo do processo de produção do livro didático, identificamos diversas funções que a abordagem histórica da ciência poderia cumprir em nossa coleção. Todas as possíveis intenções que imprimimos em nossas atividades buscam revelar a natureza da ciência, seja pela explicitação de seus procedimentos, seja pelas conexões entre os novos conhecimentos produzidos e as diversas esferas da produção humana.

Começamos com atividades que contextualizavam algumas descobertas, relacionando-as com os problemas que as desencadearam. A praga que fechou a indústria francesa de vinhos ou o prejuízo na indústria têxtil também francesa, que exigiram uma melhor compreensão dos microrganismos; as dificuldades enfrentadas pelos pioneiros na implantação de procedimentos de assepsia, a questão das patentes tanto na fabricação de medicamentos quanto na indústria de novos materiais, a influência dos conhecimentos científicos na manutenção e alteração dos hábitos alimentares e outros traços culturais são alguns casos que podemos citar. Claro que o nível de abordagem dessas questões precisa ser compatível com o nível dos alunos, sob o risco de apenas tornar mais enfadonho o estudo das Ciências. O "ponto do doce" talvez seja o grande desafio.

Criamos também atividades que evidenciam a ciência como empreendimento coletivo, como resultado da contraposição de argumentos e da discussão constante entre pares que constituem uma comunidade que se auto-referencia. A história das diversas tentativas de criação de uma tabela para os elementos químicos ilustra bem esses aspectos, além de permitir a identificação das idéias de estabilidade, simplicidade e ordem como basilares na formulação do conhecimento científico moderno.

Arriscamos, ainda, propor atividades que buscam, por meio da abordagem histórica, construir evidências a favor de argumentos de determinadas teorias ou mesmo evidenciar que fatores alheios ao modelo de racionalidade moderna podem influenciar o pensar científico.

As atividades que criamos, contudo, mesmo evidenciando as especificidades do conhecimento construído no campo da ciência e diferenciando esse conhecimento do conhecimento vulgar, do conhecimento de senso comum, não desvalorizam esse conhecimento não científico. Aprendemos com a recente crise paradigmática que a ciência moderna produz conhecimentos e desconhecimentos, além de nos ensinar pouco sobre a nossa maneira de estar no mundo e que esse pouco, por mais que se amplie, será sempre exíguo, porque essa exigüidade está inscrita na forma de conhecimento que ele constitui (Santos, 1988).

ALGUMAS CONSIDERAÇÕES

> A história é no fundo o sonho de um historiador – e este sonho está muito fortemente condicionado pelo meio no qual se banha este historiador.
>
> *G. Duby e G. Lardreau*
>
> Chego a estranhar, muitas vezes, que ela seja tão monótona, pois grande parte dela deve ser invenção.
>
> *Catherine Morland, escrevendo sobre a história*

Quando comecei a investigar o papel da história da ciência no ensino da Ciência, a história não se me mostrava em seu sentido amplo. Era apenas e rigorosamente o esforço do homem em compreender a si mesmo em seu *locus*, ao longo de uma duração. Esse esforço é que possibilitava o inevitável diálogo entre o passado e o presente, fornecendo algum tipo de explicação para os rumos seguidos pelos fatos.

Contudo, a história é sempre reconstruída, assim como também é permanente reconstrução a visão que temos dela. Não há uma história, há versões. Cada versão carrega uma visão dos fatos, da realidade. Dessa forma, cada versão da história da ciência revela não apenas uma postura historiográfica, mas também a concepção que se tem de ciência.

Quem apresenta, por exemplo, a história da física como mera cronologia tem como pressuposto que a história e a ciência são feitas por grandes homens, que as construções históricas são datadas de forma bem precisa e que os fatos históricos são independentes (Martins, 1993). Poderíamos perguntar para que serve tal história, além de ajudar na construção da idéia de que a ciência é produto do esforço de uma casta especial, de grandes gênios. Não serve ela para identificar sujeitos e elementos do processo de produção científica? Isso só já não aproxima a ciência dos mortais comuns, e, dessa forma, já não nos ajuda a questionar a própria visão que uma abordagem incompleta estaria engendrando?

Há também aquela visão que reforça a idéia de que a história da ciência permite identificar as idéias corretas e as idéias incorretas, o que revela uma visão linear e simplista da própria ciência. O novo substitui o velho, assim como as boas idéias prevalecem sobre as más. Não poderíamos argumentar que até mesmo uma história com essa visão pelo menos já introduz os germes do entendimento da ciência como processo, como atividade em constante transformação?

Faço aqui claramente uma provocação aos que insistem em apontar os defeitos das versões ensaiadas por quem quer ensinar melhor as ciências. Eles apontam os erros dos que têm coragem de expor suas construções imperfeitas, mas não são capazes de enxergar a incompletude de suas próprias abordagens.

Ora, nenhuma abordagem se esgota, ou como afirma Martins (1993)

> Nenhuma abordagem é completa, pois nenhuma pode conter toda a realidade. Nesse sentido, o estudo da História é revolucionário, não porque ele ensina que uma determinada concepção sobre História é correta, mas porque ele ensina que nenhuma é completa.

O discurso histórico é inevitavelmente subjetivo, é uma construção mental imaginária, uma invenção, ainda que construída sobre bases firmes, a partir de pistas e vestígios articulados, de relatos e depoimentos precisos. Não existe uma história, mas várias, e cada uma é uma reconstrução que serve a quem a realiza. E quem escolhe utilizar esta ou aquela reconstrução também o fará com objetivos que devem ser claros. A versão escolhida se justifica nos objetivos que pautaram essa escolha.

No fundo, para ser útil no ensino dos conteúdos científicos, o que se exige da história das ciências é que ela seja verossímil. O que vale, principalmente nas construções em jogo nas situações de ensino e aprendizagem, é o fato de que a lembrança de uma história implica conexões, interligações, entrelaçamentos.

É assim que pensam as pessoas, e também é assim que elas fazem pensar os computadores, como nos narra Gregory Bateson, na introdução de seu *Mind and nature: a necessary unity*. Foi perguntado a um computador como ele pensava. Após algum tempo de análise e trabalho, a máquina imprimiu alguma coisa do tipo "isso me lembra uma história" (Bateson, 1991).

A história como narrativa apresenta-se como uma estrutura capaz de organizar nosso conhecimento, como um instrumento poderoso no processo de construção desse conhecimento. Supõe uma seqüência de acontecimentos que leva a significados (Bruner, 1997).

É por isso que, numa situação de ensino, não nos parece necessário optar por esta ou por aquela história. Nem sequer descartar qualquer uma de suas abordagens. Cada uma das versões constitui um recorte, uma visão historiográfica, e para o educador isso significa a possibilidade de utilizá-las como solidárias. O discurso construído em situações de ensino é polifônico e contém inúmeras referências. A sala de aula, principalmente nos níveis fundamental e médio de ensino, é um espaço no qual os conhecimentos científicos podem ser abordados de forma menos metódica e mais livre.

Mesmo que uma ou outra forma de utilização da história se apresente como meramente didática ou ainda linearizada e presentista, não podemos separar aspectos solidários do ato de conhecer: identificar os limites de cada abordagem, relativizar, destruir mitos e desvelar a construção como um processo, e não como um produto acabado. Toda reconstrução servirá a uma concepção de ciência (e de história), e o que podemos fazer a esse respeito é transformar isso em vantagem, explicitando e delatando sua incompletude e seu caráter de conhecimento em contínua retificação.

É no próprio ato de conhecer – e, portanto, na ação solidária entre sujeito que conhece e objeto que se quer conhecer – que residem os nós e os frutos do conhecimento. É nele que estão os obstáculos e que residem as esperanças. A incompletude da abordagem histórica escolhida ou mesmo possível e a impossibilidade de conhecer historicamente sob todos os aspectos ao mesmo tempo é bem ilustrada no conto "Funes, o memorioso", de Jorge Luiz Borges, já citado por tantos que refletem sobre conhecimento e informação. A metáfora nele representada é a da memória perfeita, que ao conhecer os fatos em todos os seus detalhes, em cada um de seus instantes, impossibilita de forma irremediável o conhecimento. Os átimos acabam por desdobrar em infinitos os fatos e os sujeitos, não lhes conferindo a unidade necessária para a construção do sentido. Assim, fatos e sujeitos históricos distinguem-se de si mesmos a cada instante, não se constituindo como fatos ou sujeitos. Transformam-se em meros fragmentos. O que nos possibilita conhecer parece ser, portanto, nossa falibilidade, nossa incapacidade de apreender o real em sua totalidade. É essa a lição da história à ciência.

Por isso, não podemos, por idealizarmos em demasia, por buscarmos uma abordagem perfeita, completa e, portanto, impossível, privar os nossos cursos e nossos textos didáticos de Ciências da abordagem histórica que nos for possível fazer. Nossa época e nossa condição humana nos inspiram a desconfiar dos radicalismos. Eles são sempre racionalistas, abstratos e incapazes de lidar com a vida real em sua complexidade. Precisamos reinventar a ousadia de fazer o que somos capazes, o que nos é possível. A análise das diversas possibilidades pode nos ajudar a compor um entendimento da realidade e, antes disso, das representações que fazemos dela.

REFERÊNCIAS BIBLIOGRÁFICAS

BACHELARD, G. *La formation de l'esprit scientific:* contribuition a une psycanalyse de la connaissance objective. Paris: Libraire Philoso-phique J. Vrin, 1960.

BATESON, G. *Mente e natura.* Milão: Adelphi Ediziones, 1991.

BENSAUDE-VINCENT, B. Paul Langevin: playdoer pour l'histoire des sciences. *La Recherche,* n. 137, p. 1174-1476, 1982.

BRUNER, J. *La educación, puerta de la cultura.* Ed. Aprendizaje Visor, [1997].

BRUSH, S. G. *The role of History in teaching of Physics.* v. 7, n. 5, p. 271-289, 1969.

_____. Should the history of science be rated X? *Science,* 18, p. 1164-1172, 1974.

CARVALHO, A. M. P. e VANNUCCHI, A. I. O currículo de Física: inovações e tendências nos anos noventa. Investigações no Ensino de Ciências, v. 1, n. 1, p. 3-9, 1996.

CASTRO, R. S. *História e epistemologia da ciência*: investigando suas contribuições num curso de Física do segundo grau. 1993. Dissertação (Mestrado), São Paulo.

CASTRO, R. S. e CARVALHO, A. M. P. História da ciência: investigando como usá-la num curso do segundo grau. *Caderno Catarinense de Ensino de Física*. Florianópolis, v. 9, n. 3, p. 225-237, 1992.

GAGLIARDI, R. ¿Cómo utilizar la historia de las ciencias en la enseñanza de las ciencias? *Enseñanza de las Ciencias*, v. 6, n. 3, p. 291-296, 1988.

GIL, D. P. La metodología científica y la enseñanza de las ciencias: unas relaciones controvertidas. *Enseñanza de las Ciencias*, v. 4, n. 2, p. 111-121, 1986.

KUHN, T. *A estrutura das revoluções científicas*. São Paulo: Perspectiva, 1978.

LACOMBE, G. Pour l'introduction de l'histoire des sciences dans l'enseignement du second cycle. *Aster – Recherches en Didatique des Sciences Experimentales*, v. 5, p. 87-115, 1987.

LAKATOS, I. History of science and its rational reconstruction. In: WORRAL J.; CURRIE G. (Ed.) *The methodology of scientific research programmes*. Cambridge: Cambridge University Press, Cambridge, 1978. p. 102-138.

MARTINS, R. A. Sobre o papel da história da ciência no ensino. *Boletim da Sociedade Brasileira de História da Ciência*, (9):3-5, 1990.

_____. Abordagens, métodos e historiografia na história da ciência. In: MARTINS, Ângela Maria (Ed.). *O tempo e o cotidiano na história*. São Paulo: Fundação para o Desenvolvimento da Educação, 1993. p. 73-78 (Série Idéias, 18).

MATHEWS, M. R. História, filosofia e ensino de Ciências: a tendência atual de reaproximação. *Caderno Catarinense de Ensino de Física*, v. 12, n. 3, p. 164-214, dez. 1995.

SALTIEL, E. e VIENNOT, L. ¿Qué aprendemos de las semejanzas entre las ideas históricas y el razonamiento espontaneo de los estudiantes? *Enseñanza de las Ciencias*, p. 137-144, 1985.

SANTOS, B. S. *Um discurso sobre as ciências*, Porto: Afrontamento, 1988.

WHITTAKER, M. History and quasi history in physics education. *Physics Education*, v. 14, p. 108-112; 239-242, 1979.

WORTMANN, M. L. C. É possível articular a epistemologia, a história da ciência e a didática no ensino científico? *Epistéme*, Porto Alegre, v. 1, n. 1, p. 59-72, 1996.

CAPÍTULO 7

Curiosidade e Imaginação – os Caminhos do Conhecimento nas Ciências, nas Artes e no Ensino

Maurício Pietrocola

Lembro-me ainda hoje do meu primeiro dia de aula de ciências. Na escola pública que freqüentava, ciências era uma disciplina dada na quinta série. Eu tinha 11 anos recém-feitos e guardo na memória os sentimentos de entusiasmo e alegria quando a professora nos contara que a matéria era constituída por átomos e moléculas. Não me recordo bem dos detalhes do conteúdo ensinado. Se ela apresentara a diferença entre gases e líquidos, ou se discutira sobre a água, o ar ou outra substância qualquer. Seria pedir muito à memória 30 anos depois. Porém, os sentimentos continuam vivos ainda hoje.

Tentando reconstruir o processo que desencadeara aqueles sentimentos, creio que o desvendar de um mundo novo (o dos átomos e das moléculas) por trás do mundo velho (aquele percebido desde muito pelos sentidos) estava na base de tudo o que ocorrera. O prazer de contemplar uma boa explicação sobre algo que naquele momento parecia a principal intriga a assolar o meu intelecto foi, certamente, decisivo na minha opção pelas ciências e pela atuação profissional na educação científica.

Acredito que o mesmo ainda ocorre hoje com os jovens nas boas aulas de ciências. As ciências se constituem em conhecimentos capazes de desencadear processos prazerosos. No seu início, as ciências são, em geral, capazes de produzir emoções positivas e duradouras nos indivíduos. Mas muito rapidamente, o prazer é substituído pelo tédio e a aversão. Será natural aceitar a máxima popular de que "tudo que é bom dura pouco!". No meu caso, os anos seguintes à quinta série foram menos felizes. Muitos nomes de plantas, partes do corpo e compostos químicos passaram a ocupar o grosso das aulas. Como num passe de mágica, o prazer foi substituído pela chateação. Em seguida, já no final do ginásio, as expressões matemáticas apareceram nas aulas de ciências. E não bastava tê-las na memória, mas era necessário decorar os problemas nos quais utilizá-las. Tudo era apresentado sem conexão com coisas que me eram próximas, como o corpo humano, as plantas e demais vegetais, e fazia pouco sentido da forma como aparecia nas aulas. Os deslumbramento com o desconhecido, o sentimento de descoberta da resposta que intrigava a mente desaparecera, dando lugar à obrigação de estudar para passar de ano.

A redenção só chegaria no então segundo grau com as aulas de Física. Depois de um primeiro ano frustrado com as técnicas de instrução programada usadas pelo professor, o segundo e terceiro anos foram fontes de enorme prazer. O desvendar dos mistérios que fazem com que alguns corpos flutuem enquanto outros afundam, que fazem de uma batata quente uma ameaça à boca e que fazem do arco-íris o dispersar em infinitas cores da luz branca recuperou minha relação de prazer com a Ciência. É bem verdade que a relação com a Biologia e com a Química não atingira o mesmo nível da Física, embora as ciências tenham sido sempre meu domínio de preferência. A Física tornou-se minha grande fonte do prazer no conhecer e serviu, de certa forma, como paradigma de aprendizagem para todas as demais áreas do conhecimento.

Penso que cada um de nós é capaz de buscar nas suas reminiscências sentimentos de prazer em aprender, em se apropriar de conhecimentos diversos, sejam eles na escola ou fora dela. Dentre as disciplinas escolares, creio que as Artes sejam as que melhor exemplifiquem o prazer possível de ser obtido com o contato com o conhecimento. Não me recordo de ter ouvido ninguém reclamar das aulas de Artes. De crianças pequenas a adolescentes e adultos, as atividades artísticas têm sido fonte de prazer para todos. As artes são capazes de nos sensibilizar de maneira permanente. No entanto, os momentos de prazer que vivenciei nas aulas de Educação Artística não foram para mim mais intensos do que aqueles das aulas de Ciências. Eram apenas mais freqüentes.

Bronowski corrobora essa forma de conceber as relações com a arte e com as Ciências, sugerindo que ambas deveriam ser fontes de prazer:

> Se a ciência é uma forma de imaginação, se toda a experiência é um tipo de jogo, então a ciência não pode ser árida. E, no entanto, muitas pessoas julgam que sim; a arte é divertida, mas a ciência é monótona, é outra falácia comum (1983, p. 36).

A conclusão que tiro desses fatos é que as aulas de Artes são mais confiáveis do que aquelas de Ciências em termos de prazer. Contudo, a questão que tem me desafiado nos últimos tempos é por que isso ocorre! Por que a ciência escolar é capaz de gerar grandes emoções em apenas algumas poucas circunstâncias? A resposta mais simples a essa questão seria admitir que isso é fruto das preferências pessoais dos indivíduos. Mas aí entra a exposição feita há pouco sobre as artes, que parecem capazes de tocar os indivíduos indiscriminadamente.

Parece-me claro que ciências e arte, apesar de diferentes em vários aspectos, compartilham muitos aspectos comuns. Herbert Read tem a mesma opinião e afirma:

> Afinal não faço distinção entre ciência e arte, exceto no que diz respeito aos métodos, e julgo que a oposição criada entre elas no passado se deve a uma mesma visão limitada de ambas as atividades. A arte é a representação, a ciência a explicação da mesma realidade (Read, apud Figueiredo, 1988).

Pela afirmação anterior, seria de se esperar que arte e ciências fossem ambas fontes de prazer no aprender. Talvez o problema não esteja na ciência em si, mas na forma como tem sido ensinada nos últimos tempos! Minha sugestão é que procuremos entender melhor como os indivíduos se relacionam com a arte e as ciências e a partir daí busquemos alternativas didático-pedagógicas para modificar a maneira como a última tem se apresentado na escola.

APROXIMAÇÕES ENTRE ARTE E CIÊNCIAS

Inicialmente, vamos procurar entender a crítica feita por Read à diferenciação entre ciência e arte. Ela se apóia na dicotomia *representação-explicação* para caracterizar os objetivos da arte e da ciência. E isso parece fazer sentido, quando percebemos que numa peça de teatro atores representam personagens e que os pintores representam situações em seus quadros. Nas ciências, por sua vez, os astrônomos explicam por que as órbitas dos planetas são fechadas e seus períodos diferentes. Os biólogos explicam as doenças congênitas em termos de herança genética. E os meteorologistas "tentam" explicar por que ontem choveu depois de um mês de seca. Representar e explicar são aspectos bem marcantes das artes e das ciências. No entanto, essas diferenças não nos autorizam a colocar arte e ciências em domínios opostos do fazer humano, como poderia sugerir essa explanação preliminar, pois a ciência também representa e a arte, a sua maneira, pode explicar. Pensemos sobre o princípio da vida, ou ainda sobre a evolução do nosso sistema solar. Por melhor que fossem nossos sentidos, mesmo auxiliados por equipamentos poderosos como telescópios e outros, seria impossível para nós representar essas duas situações sem o conhecimento produzido pelas ciências. O mesmo vale para a idéia que fazemos do mundo das partículas elementares, onde as características dos objetos de nosso mundo cotidiano são completamente inadequadas a representar as situações que lá existem. Assim, parte da atividade científica, ou pelo menos uma decorrência dela, relaciona-se à representação de situações por meio de conceitos por ela produzidos.

Todavia, a explicação, como anteriormente exposta, não se aplica às artes. Mas mesmo isso não se constitui em oposição às ciências, uma vez que as artes podem gerar entendimento, que é uma das conseqüências mais importantes das explicações (Brewer, 1999). O entendimento obtido por meio das artes é diferente daquele obtido por meio de Ciências, na medida em que não há a mediação, ao menos direta, da razão. Produz-se uma conexão entre as emoções no indivíduo e as obras de arte que prescinde do crivo da razão.[1]

A idéia de que a arte produz entendimento parece-me adequada ao interpretar o seguinte trecho da obra *Arte e Ciência,* de Jacob Bronowski, que diz que existe algo nas imagens do poema que pode atingir as pessoas transmitindo algo pessoal.

Pense em algo do poema que atinja seu intecto como uma luz.

---

[1] A máxima, "o coração tem razões que a própria razão desconhece", poderia ser pensada como expressão dessa outra forma de entendimento.

Nesse sentido, não é absurdo associar à arte um tipo particular de entendimento, visto seu poder de "iluminar" o intelecto humano. Da mesma forma, as práticas místicas são outro modo de gerar entendimento, que nesse caso não se valem nem da razão nem da emoção, mas fazem apelo à *intuição*. Nos comentários da edição francesa do *Tao de King* de Lao Tseu, obra fundamentadora da filosofia Taoista, o tradutor faz questão de afirmar que:

> Sobre o plano intelectual, o que se concebe bem, pode, em todas as linguagens, enunciar-se claramente. O mesmo não ocorre nas revelações de ordem mística; sua percepção procede de um senso interno em estado latente em todos os seres humanos, mas chamado a se desenvolver por intermédio da busca intuitiva da Verdade e da vida interior: é o coração espiritual.[2] (Tseu, 1996, p. 113).

A bem da verdade, existem inúmeras formas de conhecer. A ciência é aquela que melhor explora o poder da razão.

> Existem outros modos (além do racional) de conhecer o mundo físico, é possível um relacionamento do tipo **sentimento**. Um tal modo de conhecer é caracteristicamente não formal, pode ser não verbal e acontece num mundo de coisas às quais se atribui um certo grau de realidade. O acesso a esse mundo é feito por meio de sensações, palavras, imagens e intuição, e a mente busca a intimidade do objeto a ser conhecido. Neste tipo de conhecimento não existe a clareza fria da razão. (Robilotta, 1986, p. 8).

Vamos procurar manter nossa discussão centrada nas Ciências e nas Artes. Como já mostramos que ambas têm muito mais em comum do que se poderia inicialmente imaginar, vale a pena nesse momento ilustrar um pouco sobre os métodos empregados em cada uma delas.

Como afirmado anteriormente, elas diferem em relação aos métodos utilizados. Na arte, não há compromisso de coerência com as formas de representação ou entendimento empregados por seus diversos praticantes. Cada artista é um indivíduo livre em termos de poder de criação, pois não está sujeito a nenhum tipo de controle da razão, de convenções ou outro meio qualquer. Isso não significa que eles não sejam influenciados pelo seu entorno: modismos,

---

[2] O trecho em questão é tirado do comentário da primeira frase do Capítulo 1 do original chinês, que diz: "Uma via que pode ser traçada, não é a via eterna: o Tao".

estilos de época, técnicas disponíveis etc. O movimento impressionista na França do século XIX nasceu de uns poucos artistas que decidiram abandonar o aspecto descritivo e externalista das pinturas de sua época por uma pintura mais internalista. É possível entender o aparecimento desse movimento a partir do contexto da época. No entanto, não há um compromisso *a priori* entre a inovação e o contexto histórico. Mesmo entre os poucos iniciadores de um novo movimento, identificam-se marcas de um estilo próprio, tornando cada artista um caso em particular que pode agradar uns e desagradar outros. Contrariamente ao cientista, a liberdade do artista começa no projeto e estende-se ao longo da execução da obra. Os compromissos do artista se vinculam quase que exclusivamente com sua alma!

A ciência por sua vez caminha acompanhada de perto por uma necessidade de coerência que não se limita ao próprio cientista, mas se estende à comunidade de especialistas à qual pertence. As representações que constrói sobre o mundo respondem a uma incomodação **pessoal** do intelecto, porém originada e fortemente vinculada ao **contexto científico** ao qual o cientista pertence. As órbitas quantizadas dos elétrons de Bohr, que só podem "caminhar" em determinadas trajetórias, respondem a um problema na concepção do átomo do final do século XIX. Embora aparentemente extravagante, a idéia de quantização mostrou-se adequada a resolver o enigma da estabilidade atômica, solucionando este e outros enigmas da época. Impregnada por conceitos, princípios e leis admitidos como corretos em determinado momento, cada incomodação intelectual contém fatores ligados a uma comunidade particular que acaba por fornecer um contexto histórico determinado pelos valores, pela cultura, pela economia, enfim, por todo contexto social no qual o cientista se encontra etc.

Mesmo se diferenciando em termos de método, as Ciências e as Artes buscam a universalidade, ou seja, aquilo que é próprio ao ser humano. Pois, seja nas Artes ou nas Ciências, "o que encontramos é sempre individual, mas o que aprendemos com isso é sempre geral" (Bronowski, 1983, p. 17).

Uma obra de arte caracteriza-se por retratar situações particulares, ricamente revestida de pormenores. Uma obra literária apóia-se nos detalhes de seus personagens, das paisagens e das situações e, com isso, prende nossa atenção e faz com que nos entreguemos a ela. É o particular de cada obra que arrebata nosso espírito por meio de um sentido imediato do real. Dessa forma, ela penetra nossa alma e nos remete a vivenciar a universidade da intenção que nela reside. Bronowski, em seu texto *Ciência e valores humanos,* afirma isso, citando Coleridge, que, ao tentar "definir a beleza, regressava sempre a um único pensamento profundo: A beleza, disse, é a 'unidade na variedade'" (Bronowski, apud Figueiredo, 1988).

Na ciência ocorre o mesmo. Todo o trabalho do cientista se fundamenta no estudo de casos particulares, que quando aproximados e relacionados podem gerar entendimento geral mediante a produção de teorias, que por sua generalidade se aplicam a um amplo domínio do mundo. O objetivo da ciência fundamenta-se nas grandes sínteses, apresentadas na forma de leis, princípios e teorias, mas o confronto com o mundo se dá sempre pelos casos particulares. E embora não saiba muito bem como encontrar as leis gerais por trás dos casos particulares observados e estudados, o cientista sabe produzir testes decisivos sobre elas, combinando razão e experimentação.

A ciência não é nada mais do que a procura da descoberta da unidade na desordenada variedade da natureza – ou, mais exatamente, na variedade de nossas experiências. Cada um, a sua própria maneira, procura a "semelhança sob a variedade da experiência humana" (Bronowski, apud Figueiredo, 1988, p. 29). O físico David Bohm faz uma proposição muito semelhante sobre a ciência em termos de busca da *ordem implica* (Bohm, 1980).

O mais interessante é que não há regras definitivas de como obter essa unidade, tanto na arte como nas ciências. Existem "guias" a serem seguidos mais ou menos de perto por artistas e cientistas. A estética nas artes e os princípios nas Ciências são exemplos de guias gerais a serem respeitados pelos praticantes. Mas isso não pode ser tomado como regra geral, pois, de tempos em tempos, padrões estéticos e princípios são rompidos e/ou abandonados. Por exemplo, o Princípio de Conservação de massa formulado por Lavoisier foi por quase dois séculos um padrão respeitado por cientistas de todas as áreas. No início do século XX, foi superado pela conversibilidade entre massa e energia formulada por Einstein.

A busca da unidade na diversidade exige o transcender da realidade imediata construída a partir de experiências pessoais. Nesse sentido, cientista e artista buscam atingir a essência para além dos sentidos. Tanto uma pintura como uma lei física não se limitam a seus aspectos denotativos. Talvez decorra daí a dificuldade em entendê-las. Atingir um estado de compreensão das coisas para além do imediato está na base da ciência e da arte.

IMAGINAÇÃO NAS CIÊNCIAS E NAS ARTES

Talvez seja difícil para muitos entender como a ciência pode ser "bela". A primeira barreira que nos separa dessa beleza é erigida pela linguagem utilizada. O cientista usa termos, expressões e símbolos desconhecidos do público em geral. Nas ciências experimentais, a Matemática tornou-se a forma de estruturação do conhecimento (Pietrocola, 2002). E isso não pode ser atribuído às características do mundo natural que ela investiga, mas ao seu próprio desenvolvimento histórico. Na Antiguidade, discutia-se filosofia natural em linguagem vulgar. Pensadores gregos debatiam sobre a origem do Universo, sobre o movimento dos corpos, sobre a origem da vida em língua materna. Não se pode dizer que eram conhecimentos acessíveis à grande maioria das pessoas da época, pois, embora expressos em linguagem comum, apresentavam-se na forma de conceitos complexos e de significados particulares. Pensemos, por exemplo, no conceito de *impetus*, que pode ser entendido aproximadamente como a quantidade de "força motriz" de um corpo em movimento transferida pela ação de outro corpo. Mesmo sem uma formulação matemática, suscitou interpretações e estudos que duraram boa parte da Antiguidade e toda a Idade Média. A especificidade do trato com a natureza requer conceitos especialmente forjados para abarcar seus fenômenos. Nisso reside boa parte da dificuldade de ser iniciado nos estudos científicos.

A matematização das ciências naturais deu-se como fruto de um longo processo de mútua adaptação entre os fenômenos e a própria Matemática. Aos poucos, ela se impôs como meio necessário à formulação de novas idéias sobre o mundo natural. Por volta do final do século XVII, o potencial estruturado da Matemática revelou-se por completo nas teorias Mecânicas de Galileu, Kepler e Newton, contribuindo para a fundação daquilo que se passou a chamar *Ciência Moderna*.

Entretanto a Matemática não é tudo nas ciências. Antes delas existem as idéias. A Matemática é justamente importante por dar forma às idéias, auxiliando o pensamento a apropriar-se e utilizar-se delas. Nesse sentido, a Matemática é necessária, mas insuficiente à fundamentação do pensamento científico. Ela constitui o veículo que o capacita a lidar com as idéias. No entanto, dominar a Matemática não garante apropriação das idéias científicas, muito menos capacita na tarefa de articulá-las entre si e relacioná-las com o mundo dos fenômenos. No processo de criação científica, as idéias vêm antes. As expressões matemáticas chegam depois para organizar o pensamento.

Nesse ponto, podemos constatar um grave problema na forma como a educação científica vem sendo praticada. Nas áreas em que a matematização desenvolveu-se de forma acentuada, como na Física e na Química, acredita-se que as fórmulas precedem as idéias. Em situações mais extremas, as fórmulas acabam por concentrar os esforços dos educadores, que de forma inconsciente relegam as idéias ao segundo plano. Essa prática extirpa da ciência seu material mais precioso, pois sem as idéias o conhecimento científico é matéria morta. Sem a apropriação das idéias construídas ao longo de sua história, não há como acessar a beleza e o prazer na ciência.

A capacidade de produzir idéias e organizá-las sobre a tutela da razão e da experimentação está na base de todo conhecimento científico. A criação se dá no pensamento por meio do poder da imaginação. Esta, por sua vez, é uma das habilidades fundamentais do cientista. Ser capaz de imaginar situações pelas idéias científicas é sua principal virtude. É pela imaginação que ele depassa os casos particulares estudados e atinge os níveis mais gerais do conhecimento.

A atividade imaginativa aparece no relato de vários autores que se debruçaram sobre o fazer dos cientistas. Einstein fazia menção às "invenções livres do espírito humano", designando com isso a liberdade em criar proposições num estado livre de compromissos (Holton, 1979, Paty, 1993). Assim, num primeiro momento as idéias são criações que devem fazer sentido ao próprio indivíduo. Então, num segundo momento, elas devem ser anunciadas aos demais praticantes para sofrerem a crítica da comunidade, que as avaliará em face do conhecimento disponível e dos testes experimentais.

A imaginação não é exclusividade da ciências, embora seja uma de suas características mais importantes. A ciência, assim como a arte, mas diferentemente de outras formas de conhecimento[3], se apóia na liberdade de criação. A imaginação capacita o cientista a representar o mundo por meio de idéias que não derivam diretamente das situações enfocadas. Os átomos e as moléculas

---

[3] No conhecimento religioso, não há praticamente trabalho criativo. Nessa forma de conhecimento, troca-se a criação pela revelação e a imaginação pela exegese. Em geral, o trabalho de um religioso limita-se à interpretação dos textos de referência (Velho Testamento, Novo Testamento, Alcorão etc.).

que marcaram minhas aulas de ciências no ginásio não pertencem ao mundo material. Elétrons, campos, forças, células, genes e muitos outros conceitos da ciência são antes de mais nada livres criações da imaginação humana. Por meio deles, penetramos o interior da matéria, dos seres vivos, do Universo. A imaginação é o veículo responsável por nos remeter a esses mundos que, de outra forma, ser-nos-iam inacessíveis.

De maneira geral, a imaginação pode ser entendida como "a capacidade humana de criar imagens no espírito e de utilizá-las para construir situações imaginárias" (Bronowski, 1983, p. 33). Não há nada mais humano que o pensamento criativo. A capacidade de produzir idéias para representar e explicar o mundo tem garantido nossa sobrevivência nas mais diversas condições e permitido evolução da espécie humana. Se tivéssemos que eleger uma única característica para nos diferenciar dos demais seres vivos, talvez fosse a imaginação e não a racionalidade a que melhor cumprisse tal tarefa.

A nossa capacidade imaginativa começa muito cedo na vida. Inicialmente, nossa interação com o mundo se limita àquilo captado pelos sentidos e remetido à mente. Mas alguns poucos anos depois, uma criança já é capaz de reter a imagem dos objetos na mente, mesmo depois de ocultados dos sentidos. Para realizar tal tarefa, é necessário criar alguma forma de representação mental. Ao proceder dessa maneira, abrem-se as portas para um mundo totalmente novo, muito mais amplo que aquele captado pelos sentidos.

Na criança, a imaginação reveste-se de dois aspectos importantes para a vida adulta. Por um lado, a imaginação é exercitada no contexto do "brincar". Ela é utilizada na confecção de jogos de toda espécie: cria personagens, inventa situações, estabelece regras. Por outro, a imaginação é também investida de um aspecto racional, pois integra atividades de exploração do mundo, que constituirão um acervo de experiências valiosas para suas ações futuras.

"A imaginação é sempre um processo experimental, quer façamos as experiências com conceitos lógicos quer com a matéria fantasiosa da arte" (Bronowski, 1983, p. 35).

Existe ainda outro aspecto importante nos processos de imaginação: o prazer proporcionado pelas criações. Sentimos prazer em exercitar nossa imaginação. Toda a atividade criativa, seja na ciência, na arte ou em qualquer outro campo de ação, é divertida e prazerosa. As crianças não se cansam de brincar, pois estão a criar e lidar com suas criações na imaginação. Somos dotados de potencialidade criativa que se realiza de forma inconsciente. No cinema e na literatura, exercitamos nossa imaginação e vivenciamos o prazer da criação por meio das imagens na tela e nas páginas dos livros. A procriação, a alimentação e os relacionamentos interpessoais são igualmente atividades prazerosas, pois acarretam criação (de filhos, de matéria orgânica e de laços de amizade). Sentimos prazer em manipular idéias, em lidar com representações de situações imaginárias.

A ficção científica atua na mesma linha, transformando o conhecimento produzido nas ciências em material de imaginação. O prazer aí se vincula às novas possibilidades oferecidas em se criar novos mundos e novas relações dentro dele. A ficção nos remete, de certa forma, ao processo de descoberta do novo. Um novo imaginário, mas nem por isso menos válido em termos de criação e prazer.

A arte e as ciências são atividades importantes, pois fornecem material criativo para nossa imaginação. Cada uma delas funciona de modo diferente.

IMAGINAÇÃO, CRIAÇÃO E EDUCAÇÃO CIENTÍFICA

A ciência na escola deveria ser momento privilegiado de exercitar a imaginação e com isso ser uma fonte de prazer permanente. No entanto, o que tem ocorrido é justamente o contrário. As aulas de Ciências são chatas e monótonas. Os alunos não conseguem conceber os conteúdos científicos para além das palavras e símbolos utilizados. Os significados vinculam-se apenas ao caráter superficial dos conceitos e fórmulas.

O que parece claro é que a imaginação não participa das aulas de Ciências. Fora dela, no entanto, a imaginação é o motor de muitas atividades que fazemos espontaneamente. As crianças não precisam ser forçadas a brincar, pois brincadeiras exercitam a imaginação.

A natureza dotou os seres humanos de uma infância longa como forma de ampliar esse período de exploração do mundo. Isso poderia, a princípio, ser considerado como uma desvantagem se comparado a outros animais que, como as serpentes, já nascem prontas para a vida. A longa infância garante um uso intenso da imaginação e o decorrente acúmulo de experiências sobre situações variadas. Isso constitui uma vantagem diante dos demais seres vivos. Ao aprender a lidar com situações imaginadas, a criança se prepara para enfrentar grande parte das adversidades da vida, que requererão a criação de representações para poderem ser solucionadas. A complexificação da vida em sociedade e, principalmente, o aumento recente do papel do conhecimento na estruturação do nosso cotidiano exigiram a educação formal dos indivíduos para apreenderem as representações socialmente partilhadas. Educar a nossa imaginação por meio de atividades previamente estabelecidas aumenta as chances de sobrevivência no mundo atual. Os indivíduos devem ser capazes de incorporar as criações das diversas áreas do conhecimento humano. Dentre elas, as ciências ocupam posição de destaque, em face do seu potencial de explicar, representar e transformar o mundo. Para isso, não basta a liberdade criativa proporcionada pelo jogos de infância; é necessário ampará-la pela educação científica que alimente a imaginação.

A escola se imbui da missão de transmitir às novas gerações valores, atitudes, conhecimentos e demais elementos da cultura humana. Nessa tarefa, muitas vezes relega a criatividade e a imaginação ao aspecto meramente motivacional das atividades, atribuindo ao lúdico unicamente a capacidade de entreter. Em geral, separam-se as atividades de raciocínio daquelas imaginativas, como se se tratassem de áreas desconexas do pensamento. Por um duplo preconceito, não atribuem ao raciocínio a possibilidade de criar, nem à imaginação de organizar e moldar representações sobre o mundo.

As atividades científicas tornam-se interessantes e instigadoras quando são capazes de excitar nossa curiosidade. Por meio da imaginação, o pensamento passa a apreender o desconhecido buscando uma explicação para os enigmas. A curiosidade serve de fio condutor para as atividades, que de outra forma passam a ser burocráticas e exercidas com o propósito de cumprir obrigações.

A curiosidade nasce do desconhecido que pode de alguma forma ser apreendido pela imaginação. Estabelece-se um jogo intelectual, destinado a transformar o desconhecido em conhecido. Em recriar o novo a partir do velho. O mesmo acontece na atividade profissional de cientistas e artistas.

Aprender nesse caso é atividade prazerosa, pois engaja-se não somente a razão mas também as emoções. Lidar com a imaginação acarreta emoções que permanecem vivas em nossa mente.

Muitas vezes, busca-se compensar a falta de prazer na ciência escolar valendo-se de argumentos utilitaristas. Para muitos autores, o papel transformador das ciências e das tecnologias no mundo contemporâneo é seu principal apelo educacional. A influência das ciências na sociedade moderna acaba gerando a falsa impressão de que a educação científica prescinde de prazer pela sua utilidade ao pleno exercício da cidadania. Ou, de outra forma, basta a constatação de que os conhecimentos científicos são necessários ao cidadão moderno para justificar sua inclusão nos currículos escolares. Porém, conscientizar os indivíduos disso não garante que eles venham a se motivar em aprendê-la. O paralelo traçado nesse texto entre arte e ciências pode ilustrar esse fato, pois a arte não apresenta apelo utilitarista. Ao contrário, arte é sentimento puro, atingindo diretamente nossas emoções. Não se pergunta para que serve os poemas de Drummond ou os quadros de Tarsila.

O ensino da arte reside no trabalho que pode ser feito em exercitar nossa percepção e sentidos, por meio da criatividade e da imaginação. Na educação científica, tais aspectos estariam fora de seus propósitos e objetivos. Enganam-se, contudo, aqueles que perpetuam a histórica separação entre razão e emoção. Pois a "... a emoção não se reduz a explosões esporádicas de fantasia. A imaginação é a manipulação no espírito de coisas ausentes, utilizando em seu lugar imagens, palavras ou outros símbolos" (Bronowski, 1983, p. 34).

Antes de mais nada, a ciência é a capacidade de exercitar nossa imaginação e criatividade e atingir nossas emoções por meio dos desafios ao intelecto. Um cientista não se pergunta o que pode resultar de prático nas suas descobertas. Sua atividade se vincula preliminarmente ao desvendar dos mistérios do novo. A criação é, portanto, anterior a seu aspecto utilitário. Reside justamente na criação, o grande apelo do ensinar, tanto a arte como a ciência.

O melhor de tudo é que as criações não são monopólio daqueles que produziram as descobertas. A apreciação, seja da ciência, da arte ou de qualquer outra atividade criativa pode gerar prazer. Bronowski (p. 29) afirma que existem dois momentos distintos na descoberta: o da *visão* (ou seja, na descoberta original) e o da apreciação (no momento em que se entra em contato com a criação).

Apreciação remete-se ao domínio da aprendizagem, seja ela formal ou informal. Mas a entrada em contato com as criações não pode se dar de forma passiva.

Na aprendizagem das ciências ocorre o mesmo. A criação científica deve ser perseguida ao longo de toda educação, e isso é impossível sem o engajamento ativo do sujeito. As aulas de Ciências devem ser a ocasião para se retraçar os passos, para se reviver as emoções e sentimentos associados aos atos de criação. Muito da fobia às ciências nas escolas advém do fato de a criação ter sido substituída nas aulas pela memorização. Sem a criação não há emoções e resta apenas o arcabouço formal das atividades de ensino.

CONSIDERAÇÕES FINAIS

A ciência pode ser fonte de prazer, caso possa ser concebida como atividade criadora. A imaginação deve ser pensada como a principal fonte de criatividade. Explorar esse potencial nas aulas de Ciências deveria ser atributo essencial e não periférico. A curiosidade é o motor da vontade de conhecer que coloca nossa imaginação em marcha. Assim, a curiosidade, a imaginação e a criatividade deveriam ser consideradas como base de um ensino que possa resultar em prazer.

Gostaria de terminar com uma citação de Bronowski, que dedicou uma parte importante de seu trabalho a entender o prazer na ciência e nas artes:

> É impossível conceber um universo onde as atividades criativas não causem prazer. A ciência é uma fonte de prazer para o bom cientista, acreditem. Não podia deixar de ser. (1983, p. 36).

E eu acrescentaria que o ensino das ciências não é diferente. E não poderia deixar de ser assim, pois é possível reinventar as criações inventadas pela ciência nas salas de aula e emocionar as futuras gerações de alunos.

REFERÊNCIAS BIBLIOGRÁFICAS

BOHM, D. *A totalidade e a ordem implicada*. São Paulo: Cultrix, 1980.

BREWER, W. F. "Scientific theories and naive theorie as form the mental representation: psycologism revived". *Science & Education*, vol. 8, p. 489-505, 1999.

BRONOWSKI, J. *Arte e conhecimento, ver, imaginar, criar*. São Paulo: Martins Fontes, 1983.

FIGUEIREDO, A. F. *A Física, o Lúdico e a Ciência no 1º grau*. Dissertação (Mestrado) – Faculdade de Educação, Universidade de São Paulo, IFUSP, São Paulo, 1988.

HOLTON, G. *A imaginação científica*. Rio de Janeiro: Zahar, 1979.

PATY, M. *Einstein Philosophe*. Paris: PUF, 1993.

PIETROCOLA, M. "A Matemática como estruturante do conhecimento físico". *Caderno Brasileiro de Ensino de Física*, vol. 19, nº 1, p. 93-114, 2002.

ROBILOTTA, M. "O Cinza, O Branco e o Preto – da Relevância da História da Ciência no Ensino da Física." *Caderno Catarinense de Ensino de Física*, 1986.

TSEU, Lao. *Tao te King, Le livre du Tao et de as Vertu*, traduction suivie d'Aperçus sur les Enseignements de Lao Tseu, editions Dervy, Paris, 1996.

CAPÍTULO 8

Buscando Elementos na Internet para uma Nova Proposta Pedagógica[1]

Deise Miranda Vianna e Renato Santos Araújo

Instituto de Física – UFRJ

"A Informática, como qualquer outra das Ciências Esotéricas, é uma prática eminentemente social, porque você nunca consegue resolver nada sozinho. Ao longo de seu percurso, você irá encontrar diversas situações onde a Informática lhe ajudará a encontrar novos amigos ou tornar-se mais querido pelos que você já tem!" (Bob Charles, 1996, p. 129).

INTRODUÇÃO

Ensinar é muito mais do que transmitir conteúdos. Os professores hoje sabem disso, mas estão submetidos a uma mudança constante em suas disciplinas, neste mundo em constante transformação. Não há área de ensino que não tenha sofrido mudanças significativas, nesta última década. Em parte, por conta de seu desenvolvimento epistemológico e, por outro lado, por conta das recentes mudanças nas políticas educacionais.

Como dar conta de tudo isso? Só pesquisando ininterruptamente... mas com que tempo? Perguntariam os professores! É claro que o mesmo se passa

---

[1] Apoio FUJB, Faperj, NCE-UFRJ. Este trabalho foi apresentado, na íntegra, no VII Encontro de Pesquisa em Ensino de Física, Águas de Lindóia, jul. 2002.

em todas as profissões. A medicina nos mostra isso em jornais impressos e na TV, e os médicos têm que dar respostas imediatas a seus pacientes. Parece que na educação as coisas caminham mais vagarosamente. Mas todos sabemos que os alunos nos interrogam, sem piedade. Talvez a maneira mais fácil de acabar com estas perguntas em sala de aula seja: "Agora não é hora de tratarmos deste assunto!" Então, vamos empurrando a dúvida (muito mais nossa, do que deles!) para outro momento, deixando passar "até cair no esquecimento". No fundo, sabemos que alguma coisa tem que mudar: a nossa aula não caminha bem. Não há motivação, pois não sabemos relacionar nossos ensinamentos com a vida cotidiana. É preciso buscar uma nova proposta pedagógica. Mas onde? Com quem?

— "Falam da Internet! Que nela encontramos tudo!", dizem alguns.

Então, partimos para procurar. E é verdade, há muita coisa, mesmo. Mas será que tudo serve?

Estamos apresentando um caminho para encontrar material pertinente para a construção de uma nova proposta pedagógica. São novos espaços de conhecimento. As tecnologias de informação e comunicação (TICs), entre elas o computador e a Internet, podem apontar caminhos.

A EDUCAÇÃO NA ERA DA INFORMÁTICA

Se olharmos para a história da educação científica, nos últimos 50 anos (Krasilchik, 1987), podemos observar que várias mudanças aconteceram: diferentes objetivos, relacionados a cada momento do país e do mundo; influências no ensino das Ciências proporcionadas pelas áreas de pesquisa em educação; e até mudanças metodológicas, incluindo-se aí mais laboratórios, ou outros tipos de atividades como jogos, ou mudanças nos tipos de problemas propostos aos alunos. Se nos dispuséssemos a relacioná-las, não sairíamos deste tópico.

O que nos desperta atenção no presente momento é a presença do computador, máquina incorporada ao nosso dia-a-dia, em cada local que freqüentamos: supermercado, banco, cinema, lojas e, também, na escola e em casa.

> Neste século a mudança tecnológica nos forçará a repensar o que significa educar a próxima geração de cidadãos (Blades, 1999, p. 36).

Blades já havia escrito e pensado no fim do século passado, mas ainda temos muito que fazer neste início de milênio.

Fala-se muito em exclusão digital, neste mundo já cheio de exclusões sociais. Mas o fato é que:

> o aspecto da mundialização econômica é o mais evidente, mas ele, de fato, é apenas uma parte da questão. A presença dessas tecnologias está introduzindo modificações em diversas outras áreas, interferindo na economia, no social, na cultura, na educação e nas intersubjetividades pessoais (Pretto, 2001, p. 36).

O computador já está na escola. Mas onde? Na secretaria, torna-se imprescindível, para inscrições, banco de dados dos alunos. Na sala dos professores, talvez como auxiliar na elaboração de textos e como banco de dados de questões e/ou exercícios. E na sala de informática, e até mesmo na sala de aula! Como usá-lo? Esse é o grande desafio... Para os alunos, ele não é mais desconhecido, utilizam-no para melhorar a apresentação de trabalhos, divertem-se em jogos, comunicam-se por *e-mails* e até pesquisam na Internet. Para o professor, muitas vezes utilizado como banco de dados para elaboração de provas, ele pode tornar-se uma nova tecnologia útil para o desenvolvimento de suas atividades didáticas, ampliando sua função de uma máquina de escrever moderna para uma ferramenta que alavanca sua criatividade.

O processo educacional está em mudança. Discussões estão ocorrendo pelo mundo. Em nosso país, há a implantação de uma nova legislação, incorporando no cotidiano escolar novas tecnologias.

Pierre Lévy (1999) nos chama atenção para:

> Pela primeira vez na história da humanidade, a maioria das competências adquiridas por uma pessoa no início de seu percurso profissional estarão obsoletas no fim de sua carreira (p. 157).

O saber é mutável, pertencente a um ciclo aberto, no qual quem ensina tem que aprender, e esse processo precisa ser rápido e dinâmico. Quem está em sala de aula hoje não pode fechar os olhos para o uso da informática. A educação se modifica, e temos que nos valer daquilo que a sociedade nos fornece: um arsenal de novas tecnologias.

Os meios de comunicação, como as revistas, programas de TV, vídeos, se comportam de maneira unilateral. O uso do computador, principalmente com acesso à Internet, proporciona uma troca de informações de maneira dinâmica, interativa, de mão dupla. As fronteiras geográficas deixam de existir e as informações podem ser compartilhadas por um número ilimitado de pessoas, aumentando assim: "o potencial de inteligência coletiva dos grupos humanos" (Lévy, 1999, p. 157).

Ao mesmo tempo em que o aumento do conhecimento vai acontecendo globalizado, ele se personaliza para cada indivíduo. Isso a princípio parece uma contradição, mas na realidade não é. O todo cresce, mas as diferenças são notadas em cada ser humano, de acordo com o caminho que escolhe.

Estamos entrando numa nova era da educação, que não terá volta. É preciso aproveitar essa mudança com mais dinamismo e mais flexibilidade em nossas atitudes. Esse processo implementa a busca de uma satisfação pessoal.

> Os indivíduos toleram cada vez menos seguir cursos uniformes ou rígidos, que não correspondem a suas necessidades reais e à especificidade de seu trajeto (Lévy, 1999, p. 169).

Uma nova atitude se instala!

AS RELAÇÕES EDUCACIONAIS COM A INOVAÇÃO TECNOLÓGICA

A relação do aluno com a inovação tecnológica

O computador não é um ponto de partida, mas nos fornece elementos para traçarmos a estrada. E não é "batucando" seu teclado (Vitalle, 1991), tentando descobrir alguma coisa, mas aprendendo, escolhendo e captando, criticamente, aquilo que nos interessa. "...A informática é um instrumento e um método, não é uma finalidade" (Cortella, 1995, p. 35).

Dos elementos que a informática nos fornece dentro da sala de aula, temos a troca de informação, a obtenção de novos dados e, principalmente, simulações de problemas; esses são méritos que se tornam indiscutíveis.

Para o aluno, o computador não é um elemento mais estranho no seu dia-a-dia. Já está incorporado na sua vida, para várias atividades. Essa sua relação na sala de aula precisa assim ser despertada, visando à obtenção de uma melhor aprendizagem. E se evitando a exclusão digital do aluno.

A relação do professor com a inovação tecnológica

A utilização de novas ferramentas pressupõe que tenhamos de dominá-las. Como nos afirma Vitalle (1991, p. 6):

> O professor não pode delegar a profissionais de informática – fornecedores de softwares, programas pedagógicos etc., puramente comerciais – essa escolha de métodos e estratégias.

Cabe então ao professor uma nova tarefa: sua atualização no uso dessa nova ferramenta, que vem sendo tão discutida, e já se incorporando na prática pedagógica de muitos de nós. Cada vez fica mais evidente que o professor não será substituído pela máquina, pois não é a tecnologia o fator de ruptura da relação humana entre o professor e o aluno. Mas será com essa nova tecnologia que ele poderá mudar o ritmo da aprendizagem, articulando suas diferentes formas e as informações que chegam por meio dela constantemente. Ele poderá romper com a metodologia tradicional utilizada. É mais uma tarefa para esse profissional, que deverá ser adicionada à sua carga de trabalho. É um novo momento para o educador, que estabelece estratégias, cria e entende novas linguagens, fortalece novas relações.

Assim, a utilização do computador e, conseqüentemente, o acesso à Internet não deverão acontecer somente durante as aulas de Informática, mas também em todas as disciplinas, proporcionando ainda a integração entre as diferentes áreas do conhecimento, favorecendo a interdisciplinaridade.

A FORMAÇÃO CONTINUADA DOS PROFESSORES E A UTILIZAÇÃO DA INTERNET

Entendemos que a formação do professor tem de ser um processo contínuo, que começa nos estabelecimentos de formação inicial e que prossegue através de diversas etapas de sua vida profissional. Se hoje o desenvolvimento científico e tecnológico avança muito rapidamente, a responsabilidade de cada professor, seja de que disciplina for, é muito maior. Os professores precisam preocupar-se não somente com o conteúdo que devem ensinar, mas também com as novas propostas pedagógicas que poderão ajudá-los em suas práticas docentes. Assim, por um lado, devem estar atentos à infindável lista de conteúdos que se modificam dia-a-dia.

Por outro lado, temos as contribuições que as diferentes tecnologias educacionais podem oferecer para construir uma nova proposta pedagógica. No seu processo de atualização, o acesso à Internet se faz importante, já que as informações são trocadas em grandes velocidades entre todos. Estamos falando sobre grande interatividade e busca de informação. Ao se comunicar com outros professores e pesquisadores, o professor se põe a par de todas as mudanças que acontecem no mundo em que vivemos, tendo a possibilidade de acompanhar tudo. É o aumento potencial da "inteligência coletiva" dessa categoria.

As informações nos chegam sobre todos os assuntos, de todos os lugares do planeta, por diferentes meios de comunicação. Numa pesquisa feita em uma biblioteca, é grande o tempo necessário. É evidente que não queremos substituir a biblioteca pela Internet, ou os *sites* nela contidos pelos livros, mas complementá-los. O que apontamos nessa "era da informação" é para o novo papel do professor, que detém um novo meio de comunicação. Com a posse dessa nova tecnologia, seu saber se amplia, podendo usufruir de cursos *on-line*, bibliotecas e laboratórios virtuais, *softwares* educacionais, exercícios de autocorreção, animações e simulações, porém "meros auxiliares do processo educacional" (Pretto, 2001, p. 42)

É evidente também que, como qualquer tecnologia, vários outros aspectos negativos estão relacionados. Como a Internet é um veículo aberto de comunicação, todos podem introduzir o que bem entendem, não havendo nenhum tipo de seleção ou censura. Há assim um exagero de informações, muitas vezes de baixo nível, até mesmo pornografia. E todos têm acesso a tudo. A escolha de material disponível fica a cargo do usuário. Há ainda muita coisa oferecida com fins comerciais, incentivando um consumismo.

Outra questão a ser levantada é quanto à divisão da população em relação aos que têm e aos que não têm computador, formando uma barreira cultural e econômica pelo instrumento que deveria ser de comunicação. Em um mundo cada vez mais globalizado, temos que acreditar que o acesso a essa tecnologia se dê de diferentes formas, sendo a escola um dos locais preferenciais para tornar seu uso mais crítico. Hoje, sabemos que instituições públicas (federais, estaduais e municipais) e particulares estão fornecendo esse meio de comunicação.

Diante desse novo cenário, o professor precisa estar atento à sua atualização, fazendo uso constante dessa nova tecnologia e mídia. Seu trabalho se torna mais árduo, pois um dos fatores já apontados é a enormidade de informações contidas, que deverão ser selecionadas, criticamente, para sua atividade.

UMA NOVA PROPOSTA PEDAGÓGICA PODE SURGIR

Ao trabalharmos com formação continuada de professores, procuramos uma nova forma de atuação, mais interativa. A utilização da Internet pode colocar a Universidade em contato direto e constante com professores e suas escolas, estabelecendo um canal de mão dupla. Abre-se, assim, um acesso mais direto à produção científica e tecnológica atual, incentivando o uso de mais um recurso didático com esse meio de comunicação. O material que se encontra disponível facilita a pesquisa para o professor na sua vida profissional, proporcionando o trabalho em equipe e suas inter-relações.

Para a obtenção de novas formas de conhecimento, ressaltamos pontos a serem atingidos pelos professores:

• **Educação continuada** – vai sendo efetivada mediante a busca constante, por parte dos profissionais de ensino, de novos conhecimentos a serem introduzidos em suas salas de aula;
• **Interatividade** – propicia a incorporação "ao processo de investigação e inovação didática da disciplina" (Carrascosa, 1996), mantendo a relação com outros centros de produção de conhecimento didático;
• **Reflexão** – abre espaço para a reflexão e avaliação do seu trabalho docente, diante das propostas inovadoras apresentadas, dentro de sua realidade profissional, assim como um processo contínuo de avaliação e aperfeiçoamento (Carrascosa, 1996);
• **Autonomia de escolha** – estimula o discernimento sobre o que mais lhe interessa para a sua realidade educacional, a partir das diferentes fundamentações que lhe são apresentadas;
• **Construção do conhecimento didático** – habilita-o profissionalmente, cada vez mais, a ocupar o seu papel no cenário escolar, apresentando inovações no seu desempenho didático;
• **Trabalho cooperativo** – concretiza seu processo de mudança, por meio da elaboração conjunta com outros professores.

Desse modo, a Internet pode tornar-se um canal de mão dupla entre professores e Instituições de Pesquisas científicas e educacionais, fortalecendo a formação continuada de professores. Estamos favorecendo "um movimento de transformação, onde a informação e a comunicação ocupam o papel central" (Gatti, 1997, p. 2).

Hoje, diante de tantas tecnologias de comunicação, não podemos ficar limitados, devendo trabalhar em consonância com novos padrões de aprendizagem, presentes nas experiências profissionais de cada participante desse processo, agregando-nos a esses sinais de mudanças (Gatti, 1997).

UMA FORMA DE APOIO AOS PROFESSORES – UNIESCOLA (http://www.uniescola.ufrj.br/fisica)

A Internet é uma boa fonte de consulta, mas é necessário que exista uma filtragem, otimizando a busca de informações. Qualquer portal de busca pode ser usado para achar sites com a palavra-chave usada, mas, para encontrar determinado tema a ser estudado, perde-se muito tempo com informações desnecessárias.

Na UFRJ, construímos um *site* de recomendação – UniEscola (**Univer**sidade – **Escola**) – que visa à atualização em conteúdos de Física e áreas correlatas, assim como aspectos didáticos desse ensino. Seguimos um princípio na montagem do UniEscola: *ao acessar, o professor deve encontrar material de seu interesse.*

Essa indicação de material, fornecido *on-line*, permite, entre outras coisas, o trabalho conjunto e cooperativo, facilitando a troca de experiências, respeitando as diferenças individuais, integradas às perspectivas socioculturais.

Nosso trabalho seguiu as seguintes etapas [2]:

Pesquisa e seleção de materiais na Internet

Foram selecionados diversos sites com conteúdos pertinentes à Formação Continuada de Professores de Física e de Ciências. Todos são institucionaliza-

---

[2] No início deste trabalho, contamos com a colaboração das alunas do Instituto de Física Claudia Benitez Logelo e Viviane Queiroz Lima, desenvolvendo suas monografias de final de curso de Licenciatura (1999-2000); do prof. Fábio Ferrentini Sampaio, do Núcleo de Computação Eletrônica da UFRJ, nos apoiando na interação com o NCE e estrutura inicial do *site* e do prof. Gilberto Resende de Azevedo, em discussões na agilização e manutenção do *site*.

dos, organizados por pesquisadores ou professores reconhecidos, apresentando materiais *on-line* atualizados, com boa fundamentação nos conteúdos propostos, podendo ser de conteúdo teórico ou experimental de Física, propostas de inovações metodológicas, discussões críticas sobre a utilização de novas tecnologias, materiais inovadores resultantes de pesquisa em ensino, publicações *on-line*, apresentação de recursos computacionais, além de material sobre a História e Filosofia da Ciência. Os materiais selecionados estão todos em língua portuguesa.

Elaboração de resumos

Para os *sites* escolhidos foram elaborados resumos contendo suas principais características. Nosso objetivo é dar subsídios para que o professor escolha mais facilmente aquele material que lhe convém.

Classificação dos sites escolhidos

Diante de todo material selecionado por nós, propusemos uma classificação, para melhor identificá-lo. Cada site escolhido pode estar referendado em diferentes categorias, que são: *Novas tecnologias, Pesquisa em ensino, Revistas on-line, Teorias e experimentos, História e Filosofia, Teses e monografias*.

Acrescentamos ainda uma categoria, *Agenda on-line*, em que disponibilizamos todos os eventos de que tomamos conhecimento, com tema, data, local e responsáveis e o endereço para obtenção de mais informações. Dessa maneira, proporcionamos aos professores as mais recentes informações sobre Congressos, Palestras ou Simpósios pertinentes à sua formação continuada.

Para mantermos a via de mão dupla, há um botão de *Críticas e Sugestões*, no qual podemos manter contato mais direto com os professores e outros usuários.

Disponibilizamos um *Livro de Visitas*, no qual solicitamos aos que chegam até lá que nos forneçam algumas informações profissionais.

Montagem e lançamento do *site*

A montagem do *site* foi feita de tal modo que pudesse facilitar a navegação pelo usuário. O lançamento aconteceu no segundo semestre de 2000, quando então começamos a divulgá-lo entre os professores.

ATUANDO COM O UNIESCOLA

Ao analisarmos o trabalho do pesquisador Rosa (1995), tendo investigado 182 artigos em revistas nacionais e internacionais, do período de 1979 a 1992, com o objetivo de verificar as potencialidades e o uso real dos computadores no ensino de Física, verificamos que é significativa a proposta de uso. O autor nos relata ainda que poucos trabalhos analisam as vantagens, sob o ponto de vista educacional, do uso dos computadores no ensino de Física, porém nos dá crédito a essa tecnologia como um auxiliar na melhoria da qualidade de ensino.

No Brasil, sabe-se que já são vários os grupos de pesquisadores que desenvolvem trabalhos na área de ensino de Física, como simulações de experiências, sistemas de aquisição de dados, entre outras alternativas, com e sem Internet (Cavalcante et al., 2001; Haag, 2001; Yamamoto e Barbeta, 2001; Montarroyos e Magno, 2001).

Como já comentamos, nosso trabalho não se restringiu ao lançamento do portal UniEscola. A partir do segundo semestre de 2000, começamos a apresentá-lo em eventos para divulgação e discussão, e tendo nossos interlocutores como avaliadores e proponentes de outros sites.

Começamos a nos indagar: será que os professores fazem uso do computador e da Internet no seu dia-a-dia? Será que em suas escolas o uso do computador é comum? E se for, em que é usado? Essa nova tecnologia é realmente uma fonte para atualização dos professores e um acesso a informações para pesquisa de seus alunos? As novas tecnologias disponíveis com seus materiais, nas diversas áreas de conteúdo estão proporcionando novas perspectivas curriculares e inovações nos trabalhos escolares? Será que podemos continuar acreditando que podemos trabalhar a distância com professores interessados em sua formação permanente? Enfim, essa mudança tecnológica, que nos rodeia no mundo atual (como já apontava Blades), está realmente presente no trabalho didático dos professores?

Essas questões nos levaram a atuar mais presencialmente, tendo em vista que nossos usuários não estavam interagindo conosco através do *site* UniEscola, mas apenas fazendo um uso unilateral.

Partimos, então, para a montagem de oficinas com a participação de professores para que pudéssemos propor e discutir uma utilização didática do *site* UniEscola. Foram dois momentos de divulgação, discussão e construção de proposta didática, em 2001.

A primeira oficina foi realizada no Rio de Janeiro, com 17 professores de Física, da rede de ensino, com cerca de três horas de duração.

A segunda oficina ocorreu em Natal, durante o XIV Simpósio Nacional de Ensino de Física, com nove participantes, sendo professores de escolas técnicas públicas, privadas de ensino médio, instituições com cursos de Licenciatura e alunos desses cursos.

Apresentamo-nos, explicamos nosso objetivo e nossa proposta de trabalho. Discutimos a sociedade atual informatizada e a necessidade de estarmos em contato com a produção do conhecimento científico e pedagógico. Apresentamos os autores (muitos já citados neste capítulo) que dão ênfase à utilização de novas tecnologias no ensino, destacando o uso do computador e da Internet, com seus benefícios e malefícios. Apresentamos o site UniEscola e começamos a discutir os materiais nele contidos recomendados, que poderiam ser úteis para cada professor na construção de sua proposta didática, mesmo tendo trabalhado com alguns profissionais não habituados com as ferramentas.

Os pontos que apresentamos há pouco: *Educação continuada, Interatividade, Reflexão, Autonomia de escolha, Construção do conhecimento didático e Trabalho cooperativo* foram alcançados. Conseguimos manter contato posterior com alguns dos participantes, tirando algumas dúvidas.

A partir desses dois momentos, podemos afirmar que uma das formas de construção de uma nova proposta pedagógica pode ser pela Internet, melhorando a formação continuada. Pode-se ter interatividade com professores por meio do UniEscola, tendo-se o cuidado de manter esse portal atualizado.

CONHECENDO OS PARTICIPANTES

Nos dois momentos, procuramos traçar o perfil de nossos participantes considerando: a formação acadêmica, época de formação, escolas em que atuam, existência e tipo de uso dos computadores, em casa e no trabalho, e a conexão com a Internet, o uso didático dessa tecnologia e há quanto tempo usavam. Dos dados coletados, destacamos nesse trabalho:

• *Quanto à existência de computadores em suas residências:* esse dado é importante para que possamos avaliar a pertinência de um trabalho de formação continuada, a distância. Indiscutivelmente, hoje o computador já é um equipamento existente nas casas dos participantes de nossas oficinas. Em relação à

oficina no Rio de Janeiro, temos 66% dos professores com computadores em suas casas, enquanto que todos os participantes do SNEF possuem.
- *Quanto à utilização dos computadores em suas casas:* apesar da existência dos computadores em suas casas, ficou evidente que para a maioria o computador mais se aproxima a uma máquina de escrever mais sofisticada, digitando textos e/ou elaborando provas. A utilização como recurso pedagógico, embora muito pequena, compreende pesquisa para feira de ciências e projetos de Informática Educativa. Em Natal, aparece um número pequeno de respostas sobre o uso do microcomputador com finalidade para a programação (cerca de 20%).
- *Quanto à existência de computadores nas escolas onde lecionam:* sabendo que hoje há política pública de equipar as Instituições com esse tipo de equipamento, em diferentes níveis de ensino, os dados nos indicaram que, no Rio de Janeiro, cerca de 56% das escolas da rede pública e 50% das particulares têm computadores. Em relação aos participantes do evento em Natal, encontramos a totalidade dos estabelecimentos de ensino com computadores.
- *Quanto à ligação à Internet nas escolas:* sabemos que para ligação dos computadores à Internet há necessidade de infra-estrutura (por exemplo, linha telefônica) e manutenção de provedores. Assim observamos que há uma diferença significativa em relação às escolas de educação básica (somente 50% conectadas), com a totalidade das instituições superiores ligadas.
- *Quanto ao uso didático dos computadores nas Instituições de Ensino:* encontramos cerca de 40% dos professores, que participaram da oficina no Rio de Janeiro, que não fazem uso didático dos computadores em suas escolas; 30% utiliza com finalidade burocrática ou para elaboração de provas. Embora o computador já esteja presente nas escolas, podemos observar que só 30% fazem uso em pesquisas, contato com novas tecnologias e uso de *softwares* educacionais, não evidenciando uma nova postura pedagógica. Em relação aos participantes da oficina no SNEF, temos presentes dois grupos principais:
    – professores de ensino médio e um de uma universidade que fazem uso de várias ferramentas como *softwares* educacionais, programas de simulação e recursos audiovisuais;
    – professores em cursos de licenciatura que usam o computador como uma ferramenta de cálculo numérico ou em aquisição e análise de dados em aulas experimentais.

Constata-se, portanto, que as instituições que formam futuros professores não estão incentivando e inovando o uso de computadores e da Internet pelos seus alunos para o seu futuro trabalho didático, como indivíduo crítico e ativo da sociedade do conhecimento. Poucos são os professores que apontam a Internet como fonte de pesquisa.

- *Quanto ao tempo de utilização de computadores na educação:* lembrando que, em relação ao Rio de Janeiro, 66% dos professores possuem computadores em casa e metade das escolas possui computador, é surpreendente que 73% dos professores nunca os tenham utilizado como recurso pedagógico. Em relação ao SNEF, os dados nos descrevem um perfil de professores que já utilizam computador há muito tempo.
- *Quanto ao desenvolvimento de competência para o uso do computador:* é importante saber como tais profissionais se tornaram ou não aptos para o uso de computadores. Podemos verificar que, em relação aos dados dos dois momentos pesquisados, a universidade não está comprometida com esse ensinamento. O autodidatismo (33% para o Rio de Janeiro e 78% para o SNEF) sobressai como forma de solucionar a deficiência.

Refletindo

Nesse momento, temos um *site* no ar (http://www.uniescola.ufrj.br/fisica), com o objetivo de dar suporte à formação continuada de professores, incentivando-os a uma nova proposta pedagógica.

Podemos começar a refletir, com base em alguns dados coletados com os participantes de nossas oficinas:

- em relação à existência de computador na casa dos participantes: dos 60% que já usaram alguma vez, o fizeram, principalmente, para digitação de texto. Isto é, há troca de um instrumento tradicional (máquina de escrever) por outro mais moderno e prático (computador);
- em relação à existência de computadores e de Internet nas escolas públicas e privadas: é significativa a existência dos computadores, mas a conexão à rede ainda não é relevante.

Podemos comparar com dados citados em Pretto (2001, p. 38):

> Para o CPqD eram cerca de 7,6 milhões de brasileiros os conectados em 2000. Para o IBOPE, eram 9,8 milhões, dos quais 4,8 conectando-se em casa... isso significa, mesmo com a situação mais otimista, menos de 7% da população brasileira conectada.

Podemos ver que as escolas não estão longe dessa estatística, como já era de esperar, apesar das políticas de informatização do MEC e do MCT, pois são somente cerca de 6% de municípios brasileiros que têm provedores. Portanto, nosso universo pesquisado é bastante representativo nesse contexto nacional.

Temos que, cada vez mais, ir em busca e até mesmo forçar a inclusão de *"escolas como parte integrante deste processo"* (Pretto, 2001, p. 39), para que aconteça a "alfabetização digital".

Entre os que têm acesso em casa e nas escolas, nos foi possível saber, não só pelo questionário, mas também pelo trabalho nas oficinas, que o conhecimento do uso pedagógico dos computadores e de toda a tecnologia associada é ainda muito pequeno. Muitos sabem da existência, até já manipularam, pois esses materiais já chegaram em suas mãos. Mas qual a reflexão sobre o uso? Como estão levando esses suportes para sala de aula? De acordo com nossos dados, quase nada está sendo transmitido ou discutido com os alunos.

Nosso *site*, desde o início, propõe a montagem de uma rede de informações, uma via de mão dupla entre **Uni**versidade-**Escola**, em função da troca mais efetiva de saberes. Disponibilizamos materiais e canais de comunicações para montarmos uma rede de trabalho coletivo, com o aumento do potencial de informação, que implica uma nova maneira de encararmos a educação, pois já estávamos em busca do que afirma Pretto (2001, p. 48):

> O fortalecimento de um conjunto de ações mais continuadas, com o uso de tecnologias contemporâneas de informação e comunicação no cotidiano da escola, tem que se dar a partir da articulação intensa de ações com a perspectiva de associar a montagem da rede, tanto no sentido físico, como no sentido teórico, a forma de fortalecer uma nova concepção de currículo que não mais se constitua numa grade – em sentido estrito e em sentido figurado também (...).

pois há que se dar uma nova visão de ensino e educação para esse cidadão, neste novo século, como já era a preocupação de Blades (1999).

Os professores da educação básica estão sob uma ameaça de uma avalanche de informações, por um lado. Por outro, estão professores universitários e pesquisadores querendo colocar na Internet "tudo que sabem e produzem", disponibilizando matérias para que haja o "aumento da informação" da população. Há necessidade urgente de se construir canais de intercâmbio efetivos que possibilite o acesso a essas informações de qualidade.

Ao pensarmos o *site* UniEscola, nos dispusemos a começar a construir um desses canais. Porém, nos deparamos com a falta de algumas habilidades técnicas e reflexões sobre essas novas tecnologias disponíveis. Nosso contato, em diferentes momentos, com professores e licenciandos, nos apontou as deficiências de acesso a essas novas tecnologias e aos acervos, ainda existentes. Precisamos quebrar esse impasse. É necessária a ampliação do conhecimento coletivo, construído criticamente, com aprendizagens personalizadas. E há muito material nos meios digitais que poderão favorecer esse enriquecimento, com a troca constante de conhecimento das habilidades e informações. São os "novos modelos do espaço dos conhecimentos" (Lévy, 1999, p. 158). É preciso que novas propostas de formação continuada de professores incluam essa via de comunicação.

Pensar em cidadão apto e crítico para o século XXI, nesta sociedade globalizada, requer repensar a escola, tanto no sentido físico, como no humano e suas relações. É preciso pensar no todo, respeitando suas diferenças, tendo-se em mente novas dimensões dos saberes, diante da diversidade cultural.

O *site* UniEscola nos confirma a ampla possibilidade de elaboração desse novo modelo de espaço de conhecimento. Precisamos, de um lado, de professores e licenciandos aptos tecnicamente para abrir estas janelas; de outro, pesquisadores e professores fornecendo novos saberes acadêmicos, abertos a novas questões propostas pedagogicamente. De nosso lado, que fazemos a interface (abertura de canais de comunicação), entendemos que a efetivação desse espaço irá proporcionar *educação continuada, interatividade, reflexão, autonomia de escolha, construção do conhecimento didático* e *trabalho cooperativo*, pontos importantes que já destacamos anteriormente. E, a partir daí, a construção de uma nova proposta pedagógica, por parte de cada professor.

REFERÊNCIAS BIBLIOGRÁFICAS

BLADES, D. Habilidades básicas para o próximo século: desenvolvendo a razão, a revolta e a responsabilidade dos estudantes. In: SILVA, Luiz H. (Org.). *Século XXI – Qual o conhecimento? Qual currículo?* Petrópolis: Vozes, 1999. p. 33-61.

CARRASCOSA, J. Análise da formação continuada e permanente de professores de ciências ibero-americanos. In: MENESES, Luis C. (Org.). *Formação continuada de professores.* Campinas: Autores Associados, 1996. p. 10-44.

CAVALCANTE, M. A.; PIFFER, A. e NAKAMURA, P. O uso da Internet na compreensão de temas de Física moderna para o Ensino Médio. *Revista Brasileira de Ensino de Física*, São Paulo: SBF, Vol. 23, nº 01, p. 108-112, 2001.

CHARLES, B. *Como não enlouquecer com seu computador...* São Paulo: Editora 34, 1996.

CORTELLA, M. S. Informatofobia e informatolatria: equívocos em educação. In: *Revista Acesso*, São Paulo: Cied, dez. p. 32-35, 1995.

GATTI, B. *Formação de professores e carreira.* Campinas: Autores Associados, 1997.

HAAG, R. Utilizando a placa de som do micro PC no laboratório didático de Física. *Revista Brasileira de Ensino de Física*, São Paulo: SBF, v. 23, nº 02, p. 176-182, 2001.

KRASILCHIK, M. *O professor e o ensino das ciências.* São Paulo: EPU: Edusp, 1987.

LÉVY, P. *Cibercultura.* São Paulo: Editora 34, 1999.

MONTARROYOS, E. e MAGNO, W. Aquisição de dados com a placa de som de computador. *Revista Brasileira de Ensino de Física*, São Paulo: SBF, v. 23, nº 01, p. 57-61, 2001.

PRETTO, N. L. Desafios para a educação na era da informação: o presencial, a distância, as mesmas políticas e o de sempre. In: BARRETO, R. G. (Org.). *Tecnologias educacionais e educação a distância*: avaliando políticas e práticas. Rio de Janeiro: Quartet, p. 29-53, 2001.

ROSA, P. R. S. O uso de computadores no ensino de Física. Parte I: Potencialidades e uso real. *Revista Brasileira de Ensino de Física*, São Paulo: SBF, v. 17, nº 2, p. 182-195, 1995.

VIANNA, D. M. e ARAUJO, R. S. UniEscola: dando apoio aos professores de Física, In: Vianna, D. M.; Peduzzi, L. O. Q.; Borges, O. N. e Nardi, R. (Orgs.). *Atas do*

VIII Encontro de Pesquisa em Ensino de Física, São Paulo: SBF, 2002 (CD-Rom, arquivo: CO22_3.pdf).

VITALLE, B. Computador na escola: um brinquedo a mais? *Ciência Hoje*, Rio de Janeiro: v. 13, nº 77, p. 18-25, 1991.

YAMAMOTO, I. e BARBETA, V. B. Simulações de experiências como ferramentas de demonstração virtual em aulas de teoria de Física. *Revista Brasileira de Ensino de Física*. São Paulo: SBF, v. 23, nº 02, p. 215-225, 2001.

Os Autores

Anna Maria Pessoa de Carvalho (org.)
Professora titular da Faculdade de Educação da USP, coordenadora do LaPEF – Laboratório de Pesquisa e Ensino de Física da Faculdade de Educação da USP.

Maria Cristina P. Stella de Azevedo
Formada em Física pelo Instituto de Física da USP, professora efetiva da Secretaria da Educação do Estado de São Paulo e colaboradora do Laboratório de Pesquisa e Ensino de Física da Feusp.

Viviane Briccia do Nascimento
Licenciada em Física pelo Instituto de Física da USP e mestre em Ensino de Ciências pela Feusp. Atualmente é professora do Cett – Centro de Educação Tecnológica Termomecânica e do Colégio Termomecânica em São Bernardo do Campo.

Maria Cândida de Morais Cappechi
Bacharel e licenciada em Física e doutoranda em ensino de Física na Faculdade de Educação da USP, com estágio na Universidade de Leeds, na Inglaterra. Atua em programa de formação continuada para professores.

Andréa Infantosi Vannucchi
Formada em Física pelo Instituto de Física de São Carlos/USP, mestre no Programa Interunidade em Ensino de Ciências do Instituto de Física e Faculdade de Educação da USP.

Ruth Schmitz de Castro
Mestre em Ensino de Ciências – Modalidade Física – pelo Instituto de Física e Faculdade de Educação da USP. Integra o grupo Apec – Ação e Pesquisa no Ensino de Ciências, em Belo Horizonte. Leciona Física no Colégio São Paulo e História das Ciências no Curso Normal Superior da PUC Minas, em Belo Horizonte. É coordenadora pedagógica da Escola do Legislativo da Assembléia Legislativa de Minas Gerais.

Maurício Pietrocola
Doutor em História e Epistemologia das Ciências pela Universidade de Paris 7, professor da Faculdade de Educação da USP e autor de livros paradidáticos de Ciências.

Deise Miranda Vianna
Professora do curso de Licenciatura do Instituto de Física da UFRJ. Seus trabalhos de pesquisas estão voltados para a formação de professores, envolvendo a utilização da informática; para a construção do conhecimento em uma perspectiva antropológica e para percepção da linguagem e argumentação dos estudantes.

Renato Santos Araújo
Formado pelo Instituto de Física da UFRJ e mestrando em Tecnologia Educacional nas Ciências da Saúde do Nutes/UFRJ. Seu interesse atual está centrado no estudo da inserção das Tecnologias da Informação e da Comunicação na formação inicial e continuada de professores, nas práticas pedagógicas e nas relações de ensino–aprendizagem.